全面升級!

最佳裝修一流工法

The Best Interior Design Course

林良穗—著

推薦序

裝潢，學問大

幾年前返台覓屋，買在中正區的一間老房子，房子舊了，需要重新裝潢，但因長年居住歐洲，在台北沒熟識的設計師，於是請幫忙找屋的仲介公司推薦，也因此認識林良穗總監。

一旦決定交由采金房做，緊接著一堆問題接踵而至，光是選個木地板，就有 20 ～ 30 選項，什麼實木、海島型、超耐磨……，林總監總是耐心解釋，哇！真是隔行如隔山，沒想到裝潢的學問這麼大。除了選材，有些設計樣式雖然美，卻不太實用；有的設計很實用，但看起來卻欠缺美感，這時總監又發揮她的專長，不但要符合我們居住的需求和預算，還要幫我們分析其中的優缺點，而往往經她這麼一提點，最後問題都迎刃而解。

有了這麼一次合作愉快的經驗，隔幾年想換大一點的新房子，對於房子的裝潢，林總監當然是不二人選。這次毛胚屋的裝潢重點和之前舊房子又不太一樣，總監總以好朋友的立場建議什麼該做，哪些則可以省下費用，以簡約方法呈現。她告訴我一句至今還令我印象深刻的話：「好的裝潢，並不是把房子填上滿滿的美麗裝飾就好，有些適當留白是需要的。」

我，又上了一課！

潘錫鳳

著名旅遊作家

寫於 斯德哥爾摩

推薦序

發揮在地化設計，名揚全世界

回想 30 年前，我走在路上，可能無法想像什麼叫「設計」？但現在，行走在台灣的大街小巷裡，隨處都可以看見「設計」這件事情——大到具有特色的建築體或是街道，小到商店的招牌、路上的汽車等等，甚至原本老舊的建築物，也因為年輕人的加入，運用自己生長的語彙及觀點，讓老房子重生……，而這些，都是設計。

所以，設計，不再是遙不可及的夢想，而是在生活中，讓一切變得美好。而這一切，可以說是很多人努力而成的。從早期，我加入 CSID 中華民國室內設計協會，跟著許多前輩努力開設很多課程，讓台灣的室內設計師成長。

同時，有鑑於台灣北、中、南的室內設計產業，受限於地理環境及學校資源，在資訊及學習動能上的明顯差距，因此在我擔任台南市室內設計裝修商業同業公會理事長時，更時時舉辦許多課程與培訓，招攬各地許多優秀的設計師，為專業帶來了新衝擊與創意對話，透過南與北、新舊的相互交融，無論是創意、想法、互動、對話之間吐露著設計師們的經驗傳承，也顯現出屬於年輕一代的蓬勃朝氣，在經過熬煉與鐫刻，呈現出屬於台灣當地最動人的設計養分及成長動力。

良穗，就是因 CSID 這樣的因緣際會，跟我結緣，並為南部設計師們注入許多來自北部最新資訊分享，每一場都是千金難買的知識饗宴。如今，她將其二十年在設計業界的工法經驗集結成書，相信是現代學子想跨入室內設計這行的最佳參考資料。

尤其是近年來，有鑑於中國大陸的崛起，吸引許多台灣優良設計師過去投資或創業，但教人欣慰的是，相較之下，台灣的室內設計動力卻沒有因此而減緩過，反而透過彼此之間不斷的交流，進行學習與觀摩，拓展華人設計力的可能性。新一代設計師必須思考的問題，或許透過良穗的這本書，會帶領大家看到如何利用本地化的設計優勢，紮紮實實地用「在地全球化」佔有一席之地吧！

NAID 中華民國室內設計全國聯合會 榮譽理事長
CSID 中華民國室內設計協會 14th 理事長 / 法務顧問
財團法人台灣建築中心 董事
社團法人台灣福生環境住易聯盟協會 副理事長
社團法人台灣幸福健康協會 副理事長
崑山科技大學空間設計系 兼任講師

推薦序

室內設計的入門磚

良穗是我大學時期的同學。在學期間，因學號為連號故上課時總是比鄰而坐；早期在台灣，室內裝修職場室內設計師陽盛陰衰的年代，女性設計師是少數民族，我們總是相互切磋、彼此扶持與鼓勵，一路走來更奠定了深厚的姊妹情誼。

良穗從事室內設計裝修工作多年，在提攜後輩不遺餘力的同時，深感裝修設計基本功的重要性，因而現身說法以自身經驗與心得編寫了《最佳裝修一流工法》一書。

這是一本坊間少有的從設計師心理素質養成、設計專業、標準工法到建材知識的書籍，書中豐富的內容，不論是針對室內設計裝修從業者、研讀室內設計領域的在學生、對室內裝修有興趣的大眾皆適用，是一本室內設計裝修的最佳工具書，值得強力推薦！

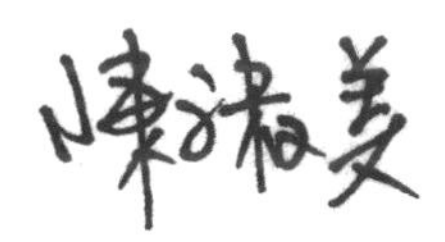

中國科技大學室內設計系 / 專任助理教授
中華民國室內設計協會 / 常務理事

推薦序

搭橋，在設計與實務之間

室內設計產業，「設計」與「工程實務」為一體兩面，互為經緯，不可偏廢。

近年，台灣室內設計教育，或因課程目標，或因招生導向等因素，多偏重於設計之表現，此現象實有調整導正之必要。好友林良穗設計師，願意以其自身的從業經歷，佐以實際案例分析，定出與讀者分享的室內設計工法之標準與規則，實為業界之福。

「最佳裝修一流工法」一書，不僅可提供學校學生作為必備之專業教材，同時可讓許多年輕設計師們以此為從業範本或參考，更可提供一般消費大眾作為裝修工程的檢視標準，此專業良書，值得向大家推薦！

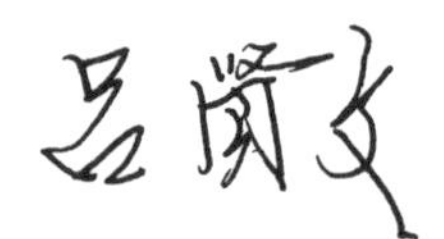

R+A Design Group 總監
知事官邸生活館 創辦人
青年設計聯盟 召集人

推薦序

NEVER SAY NO 秉持初衷地把事做好

良穗是我社友的牽手，看著她進入扶輪社服務的。因為她本身學室內設計的關係，因此扶輪社的人，若家裡有大大小小的問題，像是漏水、馬桶不通、櫃子不穩等等，都會私下請教她。而她也很熱心地幫忙，並不會計較背後的商業利益，只是想單純地服務社員而已。之後，她更積極參與我們扶輪社的公益活動，兩夫妻熱心公益常參加社辦活動。完全符合我們扶輪的精神：「扶輪是寬容，聯誼與服務的精神中誕生的」。

漸漸地跟她熟識之後，發現她本身就是一位很專業又熱心的人，像是太陽一般，會照亮身邊的每一個人。面對人生大大小小問題，也都採取正面態度去面對，即使事情很多，在她能力所及，也不輕易說「NO」。因此讓我很放心地將其中一個住家交給她設計處理。

現在得知她要將她在室內設計的實務經驗付之筆墨，印書成冊。事實上，我早在幾年前便看好她在業界穩紮穩打的精神，還有對待客戶服務至上的態度，相信可以嘉惠更多人，讓家，因為設計更為美好；讓空間，更貼近人性更有溫度。

方振淵

國際扶輪 3480 地區 總監 (1997~98)

統一數位翻譯股份有限公司 董事長

作者序

設計，唯心而已

早期因為國內大專院校沒有專業的室內設計科系，因此室內設計師出身多半為建築或美術等相關科系；即使沒有這樣的背景，台灣早期室內設計師的養成，往往必須在專業的建築師事務所公司學畫圖、跑工地，實地現場和客戶及工班溝通，這樣一步步從基礎開始做起。

相較於現在因市場所需，各大專院校紛紛開設「室內設計」相關課程，甚至有不少設計科系的學生在畢業後也投入這個領域，令人感到十分欣慰，並樂見其成；期許在更多人投入這塊市場之後，能創造更多商機，甚至能激發更多設計創意，設計師是可以改變大環境的，不管讓生活更加美好，或是減少對環境的破壞，不再造成地球的負擔。

不過，近幾年來，發現有很多人對「室內設計」有所誤解，總以為這行獲利很多，或是畫著美美的 3D 圖，就可以順利接到案子，卻在工程時把案子搞砸，甚至有些人做到一半就跑人，讓消費者找不到負責人能處理，產生不少工程上的糾紛！同時在執業過程中，我與不同的企業團體合作，平時除了業務往來，也還要擔任授課講師，不只能深度體會每個企業成功與堅持的優點，也能從不同的面向了解消費者的問題，我想，這是我能很快聽懂屋主需求的一種良好訓練。

因此更加深我對此裝修工程需要提供更多正確的資訊給一般消費大眾，才是身為設計師該負的社會責任！

加上地球保育與自然生態平衡的觀念已經深入人心！回歸自然、簡單的生活方式，之於設計師的角色，就要能用環保的概念加上好的設計，減少過度裝修、不必要的裝飾，讓空間是有溫度的、能呼吸的！提供業主一個美好的生活品質，而達到健康舒適的目的，這也是我一直以來設計時堅持的理念！

有鑑於此，因此才有此本書的形成，希望透過自己二十多年來從事室內設計的經驗、心得及學習到的工法，提供現今想從事這行業，或是已從事這行業又想創業的年輕人一些建議，及要裝修房子的一般消費者都能有正確的觀念，並期待台灣室內設計的這條路走得更加順暢且美好。

林良穗

目錄 CONTENTS

推薦序 003
作者序 008
前言 014
設計人的基本功

設計：一流

工法有做 018
但要校對天時地利人和

設計人要謹記 021
誠實豆沙包吃好吃滿

有專業還得有 3 心 026
放心、同理心、信心

不能只看外貌決定一切 030
裝修更重工法才會長久

工法：一流

基礎工程

CHAPTER 1 結構

現場分析 01

搶救結構損壞鋼筋外露的名宅 038
處理要點 1　浴室天花鋼筋外露鏽蝕 042
處理要點 2　牆面有嚴重裂縫 044
處理要點 3　門框扭曲歪斜 046
處理要點 4　地板毛胚沒防水且不平 048

一流工法大解密

剔除 → 阻斷 → 粉光 → 咬合 → 補縫 → 不鏽鋼門框結構 → 素地清潔 → 防水 → 墊高收平

補充教材

第一課　排除海砂的結構補強法 051
第二課　「風頭壁」滲漏水處理 055
第三課　外牆防水處理 057
第四課　牆面「膨拱」處理法 060
第五課　新舊樓地板拉平＋老屋拉皮 061

CHAPTER 2 水路

現場分析 02 **搶救 40 年水路問題，管路重疊又漏水** 066

處理要點 1　廚房在後側擋掉採光和通風 070
處理要點 2　陽台機能規劃差，空氣沒對流 076
處理要點 3　衛浴只有一間，不敷需求 078

一流工法大解密
配管圖 ➜ 拆除 ➜ 封舊管 ➜ 排水 ➜ 防水 ➜ 退縮牆面 ➜ 衛浴一變二 ➜ 洩水坡度 ➜ 埋管

補充教材

第一課　進水管起源：必須從水塔就開始思考 081
第二課　水管與銜接套件也會影響漏水 084
第三課　完工後必做：加壓放水測試 086
第四課　管線走天花或地面有前提 087
第五課　3 種水管銜接工法：交接 + 車接 + 壓接 088
第六課　水管的施工流程 8 步驟 090
第七課　冷氣排水管分兩工序處理 093
第八課　輕質隔間內水管更換法 094

CHAPTER 3 電路

現場分析 03 **總電量、插座不足，到處都是外接線** 098

處理要點 1　總電容量不夠，外接線路很嚴重 102
處理要點 2　插座開關數少，位置糟糕很難用 108
處理要點 3　空調配電、回風差，冷氣根本不涼 114
處理要點 4　沒專屬機電櫃，日後維修較麻煩 118
處理要點 5　燈光設計不良，室內採光昏暗 120

一流工法大解密
初驗法 ➜ 迴路設計 ➜ 電路圖 ➜ 圖面對照 ➜ 穿管 ➜ 數量計算 ➜ 開關高度 ➜ 通電測試 ➜ 空調銅管 ➜ 安裝高度與角度 ➜ 機電 ➜ 集線箱應用

補充教材

第一課　電路施工 8 流程 123
第二課　家用迴路分切法 127
第三課　7 種電線粗細的用途 130
第四課　餐廚空間的電路規劃 131
第五課　衛浴電路要預留專用迴路 135

窗

CHAPTER 4 採光‧通風

現場分析 04
老雙拼透天開錯窗，擋風又擋光 138
處理要點 1 開窗位置尺寸不對，採光通風差 142
處理要點 2 遷就原始格局動線，白天室內暗如夜 146

一流工法大解密
觀察日照與通風 ➜ 開窗 ➜ 拆除舊牆 ➜ 定位空間

補充教材
第一課 4 種室內暗房效應的改善法 148
第二課 鋁製氣密窗施工流程 150
第三課 臨馬路噪音空汙的改善法 154
第四課 感覺到風有流動，便是有良好的通風路徑 156

天地壁

CHAPTER 5 天花‧動線‧地坪

現場分析 05
橫柱多，大門偏一邊，走動卡卡很不順 162
處理要點 1 隔四房壓縮格局，客廳深度不夠 164
處理要點 2 儲物間不當設計，壓迫廚房使用空間 168
處理要點 3 樑柱多又擋路線，天花低矮壓迫 170

一流工法大解密
牆後移 ➜ 90 度轉向 ➜ 走道半開放 ➜ 弧形天花板 ➜ 反差天花 ➜ 異材質轉化 ➜ 廚房牆拆除 ➜ 回字動線 ➜ 收納集中

補充教材
第一課 門檻的施工法與防水處理 173
第二課 不同地坪交接處的施工 175
第三課 有無踢腳板的施工法 177
第四課 架高與平台的施工法 179

天地壁

CHAPTER 6 門・牆・櫃

現場分析 06

小空間多坪效，門、牆、櫃大挑戰 184

處理要點 1　浴室門方位正對沖客廳臥室 188

處理要點 2　消防水電管線，外露有礙觀瞻 192

處理要點 3　不做夾層又要增加房間量 195

一流工法大解密

改門向 → 隱藏門 → 三合一大櫃 → 黑玻璃 → 挑高天花 → 壓低天花

補充教材

第一課　門框補強比較 200

第二課　居家常見的門設計有哪些？ 201

第三課　減少家中噪音的方法 207

第四課　系統家具替代隔間結構 210

第五課　安裝系統家具 3 大注意要點 213

建材

CHAPTER 7 安規・驗收

現場分析 07

過多甲醛、管線太舊、影響健康與居家安全 218

處理要點 1　舊木作甲醛殘留，小心吸入有毒物質 222

處理要點 2　廚衛潮溼管線老舊，居住安全不及格 224

一流工法大解密

綠建材 → 收納沿牆 → 管線更新 → 改門向

補充教材

第一課　如何檢視建材有符合國家規定 226

第二課　從國家標準→綠建材標準 228

第三課　F1 建材，CP 值高，一才才多 30 ～ 40 元 231

第四課　有綠建材也要有低逸散的膠合劑 231

第五課　階段性驗收確保品質到位 232

第六課　交屋驗收做最後收尾調整 236

結語 237

前言

設計人的基本功 Basic Design

設計像人生，
你必須不斷成長、創造價值

「室內設計」是一個多元的工作，除了設計師本身要擁有基本繪圖技能和專業知識外，還要有工程現場的經驗、應用建材的技巧，充實美學素養的能力，最重要的是，只要跨入室內設計這行業，就要抱持著「永不停止的學習」心態，及耐心傾聽、誠心幫業主解決空間及生活問題，分享彼此的資源及尊重，才能交到更多不同領域的朋友，借力使力將公司業務做大做好。

我將自己 20 多年來從事室內設計業時所累積的心得，整理成「從事室內設計師必備 ABC」，包括面對屋主與如何穩定經營設計公司的真正精神。

從事室內設計師必備 ABC

A 養成三力：心理養成、行動養成、細節養成

所謂「設計」，即「設想和計畫」。設想是目的，而計畫則是過程的安排。通常指的是有目標和計劃的創作行為、活動。以此來看室內設計這行也是相同的道理。

身為設計師，畫圖只是基本功，透過畫筆把創意轉換成視覺，傳達給業主知道。但只是把圖畫的美輪美奐，卻沒有加上說明工法呈現，無論是業主或是下游承接的工班，很容易會誤解設計本質的意思，而只呈現「很相像」、卻無法使用的東西，再好的設計

也無法表現出來！因此一位專業的室內設計師除了要會設計本職的基本功、對客戶需求的了解溝通，還要有業內市場的專業知識去尋找適合的材質，並在實際成形過程中，將困難一一排除，最終才能將你的創意 100% 實現。

因此一位專業的室內設計師必須養成以下三種能力：

❶ 心理養成 —— 保持「柔軟態度」的能力
❷ 行動養成 —— 培養「解決問題」的能力
❸ 細節養成 —— 創造「有差異化」的服務力

B「做對事」三關鍵：

為了讓消費者心動，很多設計公司會想出各式行銷的活動，有的送家具、有的免設計費，一路看過來，沒有一種方式是成功的，我認為，「你會什麼」以及「消費者在乎什麼」，才是設計師應該努力的方向。

剛跨入室內設計這行業，我抱持的初衷就是：用自己的專業去幫助有需要的人，完成他們心目中對家的夢想。因此，我比較喜歡做住宅空間，並專研於此。

隨著居家風格流行不斷改變，卻不影響我所服務的客群，因為我很清楚自己的定位，所設計的空間完全針對客人的需求，並一起討論屬於他自己的風格，不受流行侷限，反而成為我在經營公司及帶領設計團隊時的最大優勢。

其次，我堅持把「服務」做足，為客人創造最大的便利性，更為此製作一套ＳＯＰ流程，將「服務設計」落實在企業文化裡。但服務不能一成不變，因為昨天客人需要的，今天未必需要；今天客人喜愛的，明天未必一樣。因此我與公司的設計團隊每年都會思考接下來的創新服務為何？因為好產品，更要搭配好服務，才能創造出令人驕傲的好業績。

唯有透過不斷地創新，才能提供更新穎、更高品質的服務，滿足客人的差異化需求，我將這些理想具體化呈現在三個關鍵面：

第 1 關鍵 —— 創造自我價值
第 2 關鍵 —— 合理、透明、保持誠實
第 3 關鍵 —— 真實的售後與保固服務。

C 設計師開業四守則：溝通、速度、團隊、執行力

我很佩服室內設計協會裡的資深會員，無論風格、成就高低，純粹就實戰經驗來看，每個人都有身經百戰磨練出來的實力。對比現在年輕室內設計師，大都創意很好、活力充沛，唯獨對於工務實戰上仍需加強，將設計細節落實到生活面上仍須再客觀點，就容易有機會在業界闖出一片天。

現在學設計的環境比以前好很多，透過網路世界，年輕人不用出門，就可以在家裡獲得全世界最新、最知名的建築或室內設計資訊，平面看不夠，還有影音視訊可以 360 度的觀賞。

這就能夠出來開業從事室內設計工作嗎？恐怕仍有一段距離，因為身為一個專業的室內設計從業人員，不光只是會畫圖，還必須思考如何與客人及工班溝通、如何在有限的時間內，順利連結各種工種進場並達成所有裝修房子的任務，甚至修改時還能兼顧美學、必要時還要能催收帳款、找建材、了解最新工法……等等，室內設計師可說是一門永遠也學不完的行業。

以下我整理關於室內設計師想開業時，必須擁有的四個創業守則，希望對即將獨當一面的你有所幫助：

❶ 誠懇溝通、良性互動
❷ 切中客人需求，用速度爭取效率
❸ 善用社團與展覽的資源
❹ 落實執行力，將問題轉化成契機

設計：一流

一流設計背後必有一流的工法
裝修在乎顏值，更在乎要有好品質
面子裡子都要全抓牢

一流工法大解密 1

工法有做
但要校對天時地利人和

業主和設計師間的癥結點
最大矛盾處是業主對工法、工序可能一知半解，
卻是百分百結果論者。
殊不知裝修最要緊的是工程品質，工法得用對、更要做到位。

為什麼別人工法明明好，設計師卻不想用？

工法不在好不好，要看正確方法有沒有用在對的且值得的地方。

有遇過業主拿坊間書籍要求我們做到「三底三度」這種摸起來像布，又有噴漆的質感。這時我也會反問，有什麼特殊需求必須做到這麼精緻的油漆工程呢？若未來這面牆要放置家具或櫥櫃，上再好的漆也看不到，又何必花這筆錢呢？要知道多一度或多一底漆，工錢加倍，一坪要價 2500 ～ 5000 元以上，還不如將經費花在廚房地面與牆面的防水工程。

油漆工程介意的，更關乎工法和用料，我公司的油漆工程一定用大品牌且無甲醛的油漆外，在工法上從批土、補縫、拉平、研磨、刷漆 ...... 等每一道工序都不可少，如果是處理壁癌，工序會更複雜，自家工班有無照步驟來，為的是確保消費者不會在入住不到二年，牆面油漆就龜裂。

話都會說，還是不信設計師講的都是對的？

有疑慮那就貨比三家，找 3 組師傅評鑑，看哪種施工法較好。

施工工法要求對，所謂的「對」是指可以對到業主的需求，可以對應施作的空間環境條件以及使用者的生活模式。所以：

❶ 快速法—使用時間長短來評估

根據業主居住時間長短來判斷工法，可以撐 5 年無須替換或保養的，甚至希望有 10 年以上考量的，就有對應的工法施作，但這也代表背後的報價各有不同。

❷ 專家法—至少 3 組師傅評估

我通常同一工種找 3 組師傅來衡量哪種作法比較貼近業主需求。拿鋁門窗做比喻，有師傅會建議全部拆除，重頭來過，包含防水工程整個重做，以免未來發生漏水問題；也有人提議更換迎風面的鋁窗即可，還有師傅認為保留鋁框架構，單換窗即可。

室內設計師將師傅評估建議加上自己的專業分析，回饋給業主，再來選擇合乎業主通盤考量的方案。

很多人問我，要如何搶進豪宅案的領域？我總是說，會做「好宅」比做「豪宅」更重要。

如何確定找到對的工班？

有些業主喜歡網路上找工班，這沒有對或錯，即使自己找工班，也要留意：

一定要有	
合格證照	水電師傅一定要有甲級證照
團隊班底	工班師傅現下多打團體戰，有自己固定班底，較有默契。以泥作師傅來說，貼壁磚及地磚、砌牆磚等等都不會同一個人作業，正常來說必須要有 6 人以上才行，若是只來 3 ～ 4 人，就要考量其施工的精緻度可能就不會太好。若只來一個人，那我會直接回絕。

旁敲側擊驗證	
測試工序工法	熟人介紹的工班可以稍放心，但一樣是新配合工班，可發問實作專業問題當參考標準。像是泥作，可以問地磚是乾性或濕性施工法、泥砂漿的比例怎調；油漆類可以問如何批土，用的塗料品牌為何，做過哪幾場案子，習慣用哪種工法，例如常接建案的工班師傅，和專做室內設計師裝修統包的，師傅做工粗細大不同。
團隊班底	用做的比說的更精準踏實，我通常會挑選預算在 100 ～ 300 萬元的中古屋案子，請對方施工一場來試試。行不行，高下立判。

室內設計往往都在從過程中學習新技術，從中尋找到最有效的解決方案。

一流工法大解密 2

設計人要謹記 誠實豆沙包吃好吃滿

為何室內裝修總到最後發生「鯛」民事件，
無非屋主和設計師彼此不吐實。
若一開始流程公開透明，據實以告，便不會衍生無謂的紛爭。

預算沒很高，設計師不會認真幫人規劃？！

**掌握裝修階段性原則，解決最迫切的實際需求，
才是該畫的重點。**

有些業主可能剛買房，手頭無多餘現金挪當裝修費用，這時我會建議階段性裝修計畫， 先實踐房子的迫切需要，等個 2、3 年後有經費，再做大幅度改裝，深入其他次項需求。例如小夫妻還沒有小孩，或者小朋友還小，獨立的孩童房便沒有急需，房子可先「整理乾淨」，以一筆小錢用油漆方式來幫空間換新面貌，讓錢真的是花在刀口上！

林良穗貼心叮嚀—— 設計師的大忌
Professional Exhortation

地球是圓的，未來都有機會再見面。千萬別看到預算，就在心裡把客戶「去除掉」。因為每分錢都是客人辛苦賺來，即使再少，也要予以尊重。畢竟誰能斷定未來對方不會回頭找你設計。再說，單拿預算開刀，若業主直接網路寫負評，最後只讓業障反噬，更得不償失。

做那樣，感覺用的建材和工料沒那個價值？！

專業設計師會幫業主合理分配預算，而不是先想怎麼省預算！

好的設計師會懂得將每分錢花在刀口上，在空間內分配適當預算。舉例，三房兩廳的新成屋，業主是剛新婚的夫妻，家裡人口數才 1 到 2 人，最多養貓狗寵物，實際使用空間並不多，整體預算可以將 50 到 60 % 挪做客廳和主臥，天花板可原封不動，不含家具情況下，約 50 萬可搞定。

但如果是中古屋，早期的水電管路已無法負荷現代人的使用方式，因此預算的大部比例是要拿來做基礎裝修，建議最好以每坪 5 萬元的價格來思考。所以 20 坪就要準備 100 萬，30 坪就要準備 150 萬，以此類推。

1 — 設計師應該自我定位清楚：是要服務大眾還是要服務金字塔頂端的客戶呢？

2 — 中古屋裝修，進行拆除後，多數基礎工程因追加補強，都會比原初步估價高。

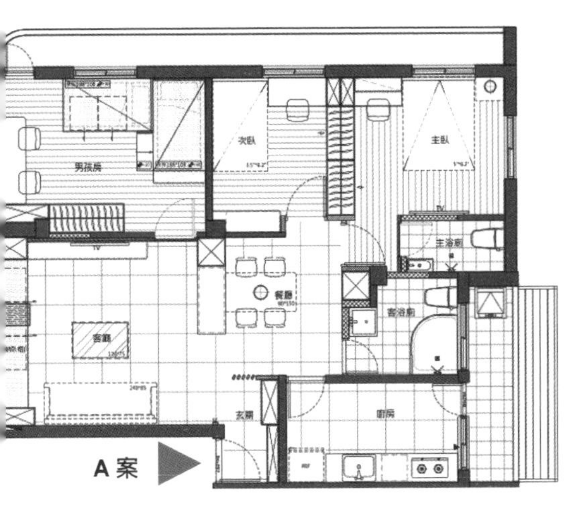

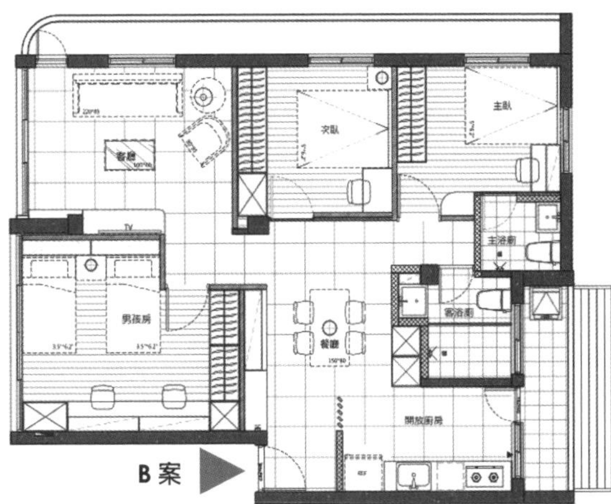

A 案

小孩房	客房	主臥室
客廳	餐廳	廚房

B 案

客廳	客房	主臥室
小孩房	餐廳	廚房

C 案

客房	小孩房	主臥室
客廳	餐廳	廚房

D 案

主臥室	小孩房	客房
客廳	餐廳	廚房

好的設計，是要恰當分配預算，並給予不同方案選擇。

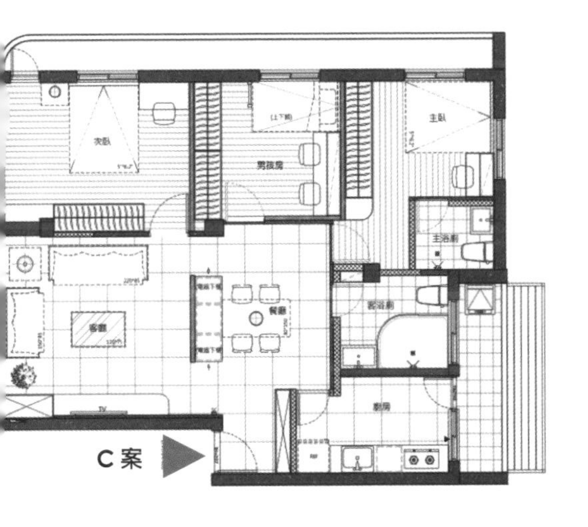

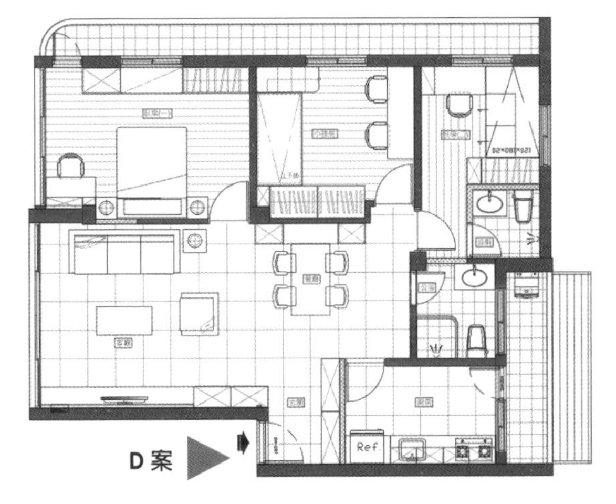

報價單是黑洞，你都不知道價格是怎麼浮報？！

會讓業主不放心，
都是報價不夠透明，讓他們想四處比價！

設計師會讓業主不放心，導致發生砍價的情況，其實最大的原因在於在報價時並沒有做到讓價格透明化機制。

我從創業開始，便將公司的服務流程公開在官網上，一方面可以過濾一些壓根只是來探市場價格、沒真誠要找你做裝修設計的不適合業主外，另一方面也讓前來諮詢的有底，清楚自己手上的預算大約可以做到哪些服務，省掉許多溝通上的麻煩。

在報價時，直接將明細開得很清楚，例如油漆用什麼品牌油漆，要做到幾底幾度（底指底漆，度指面漆）、門窗的尺寸及品牌、五金品牌及個數、地板材質用料及尺寸換算 ...... 等等，包含工班的工人費用，也一併講明白，避免日後爭議。

設計師找廠商會貨比三家，何況業主也會自行估價比行情，問親友、網路爬文應有盡有。最常聽到的是油漆工程，網路上的工班百百種，連工帶料每坪 300 元起跳都有，兩邊價差好幾萬元，但可能沒批土，油漆只上一道，用的是什麼品牌，全模糊帶過，這些業主不會全知道。設計師得讓業主知道一分錢一分貨，在公開、合理的透明報價機制中找到安全感。

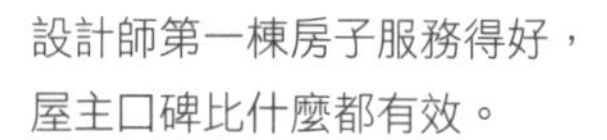

設計師第一棟房子服務得好，
屋主口碑比什麼都有效。

最基本的裝修需求表格式

<table>
<tr><td colspan="2">委託人：</td><td colspan="2">日期：</td></tr>
<tr><td>電話：</td><td>行動：</td><td colspan="2">公司：</td></tr>
<tr><td colspan="4">地址：</td></tr>
<tr><td colspan="4">需要裝修房屋地址：</td></tr>
<tr><td colspan="4">委託人需求：</td></tr>
<tr><td>○新屋裝修需求</td><td>○中古屋翻修需求</td><td colspan="2">○局部或其他需求</td></tr>
<tr><td colspan="4">入住成員概述（年齡）</td></tr>
<tr><td colspan="4"></td></tr>
<tr><td>施作項目：</td><td></td><td></td><td></td></tr>
<tr><td>○隔間變動</td><td>○浴室廚房更新</td><td>○地板更換</td><td>○木作櫃體</td></tr>
<tr><td>○系統櫥櫃</td><td>○油漆</td><td>○水電</td><td>○傢飾傢俱</td></tr>
<tr><td>○其他</td><td></td><td></td><td></td></tr>
<tr><td colspan="4"></td></tr>
<tr><td colspan="4">委託人預算：</td></tr>
<tr><td>○ 30 萬以下</td><td>○ 30-60 萬</td><td>○ 60-100 萬</td><td>○ 100-200 萬</td></tr>
<tr><td>○ 200-300 萬</td><td>○ 300 萬以上</td><td>○其他說明</td><td></td></tr>
<tr><td colspan="4"></td></tr>
<tr><td colspan="4">洽談、丈量時間：</td></tr>
<tr><td colspan="4"></td></tr>
</table>

主管：　　　　設計師：　　　　承辦人：

只要把「多少錢做多少事」說清楚，才能讓客人安心地把家放手給設計師處理。

有專業還得有 3 心
放心、同理心、信心

我們怕工班師傅只出一張嘴，
業主也是會怕設計師說得天花亂墜，
另一個出包罪：空有專業，卻沒讓對方安心、放心，
更沒發揮同理心，與業主站在同一立場想事情，終究失了信心。

設計工作是複雜串連上下游的事業，圖為 3D 效果示意圖。

官網秀的作品很厲害，就不知案例是不是真的？

第一次公司面訪，看現場工作室規模，從員工人數、建材樣品擺設， 旁敲側擊專業度。

工作室的員工數可以是個間接參考值，但非絕對值，畢竟部分設計師剛創業時，可能是一人作業，或僅帶個助理東奔西忙。可打從我創業開始，便在公司建構一間專業的建材陳列室，把所有居家空間設計可能用到的建材都放在裡面標示並陳列。

每當有客人來談設計案時，便會把用的材料指給客人看，並告知他們各個材料在使用上的差異性，像是光油漆，就可分為烤漆、噴漆、刷漆等不同效果，讓客人直接在上面觸摸，很快就能明白我在說什麼。

另外，像是最近流行的珪藻土或仿清水模漆法、實木與貼皮施工法的差別 ...... 等等也陳列在這裡，搭配施工方法的說明，讓業主知道多少預算能做到哪裡，把選擇權交還給對方，還能加深對設計師專業形象，倍感放心與安心。這比看案例成果照片更有效。

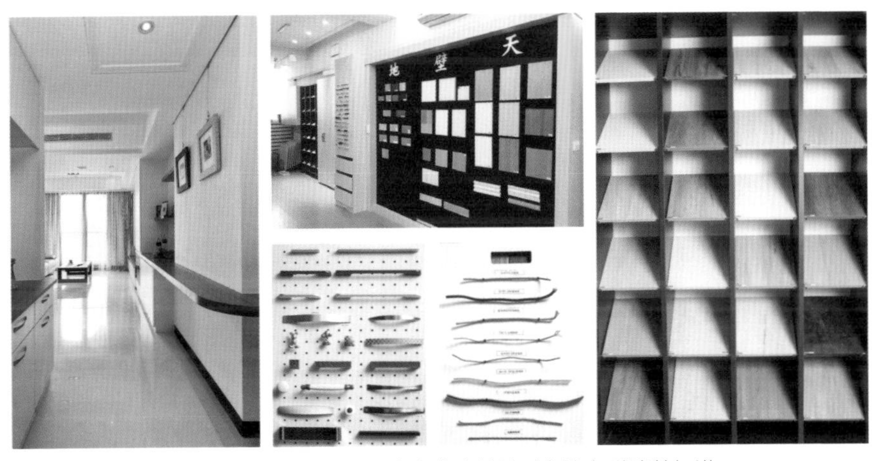

裝修需要用到哪些建材，我會在公司裡的專業建材陳列室讓客戶清楚知道。

別家設計師會畫 3D 效果圖、立面圖，為什麼我只能看設計平面草圖？

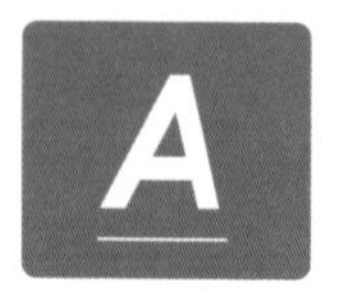

施工圖一定要有且要給看，立體效果圖有想像空間，但未必是第一考量。

一場室內裝修工程通常會涉及多種工種，動輒超過 2、30 人參與，若沒有設計圖，不但設計師無法精準溝通內部結構、施作工法與造型外，更無法掌控現場和施工進度， 因此，一定要有圖面，工程品質才有辦法顧好。

專業的室內設計師一般會提供的設計圖面可以分為二大類：平面圖、立面圖，而讓業主可以「眼見為憑」的是效果圖 (即示意圖或透視圖或 3D 立體圖)，但這部分要視各設計公司而定，有的免費，有的必須額外付費。這類圖像畢竟是虛擬仿真，真實使用建材的質感、色彩，與電腦螢幕上看的，仍有落差，只能當參考用。業主也千萬別拿它當驗收標的，只會愈驗愈覺不準。

對裝修來說，平面圖及立面圖是設計師及施工團隊一定要看的專業圖面，客戶會依其平面圖做材質、尺寸的確認。

平面圖類

平面配置圖、水電配置圖、天花板圖、地坪圖等，並在上面標示高度、尺寸、位置等等。

立面圖類

清楚標示櫃體的造型以及內部的收納分配、尺寸、材質、圖面比例尺等，必要時還必須出示局部的剖面圖。把每個製作物的外觀、細部做法都要交代清楚。

設計案會配合的相關圖表。

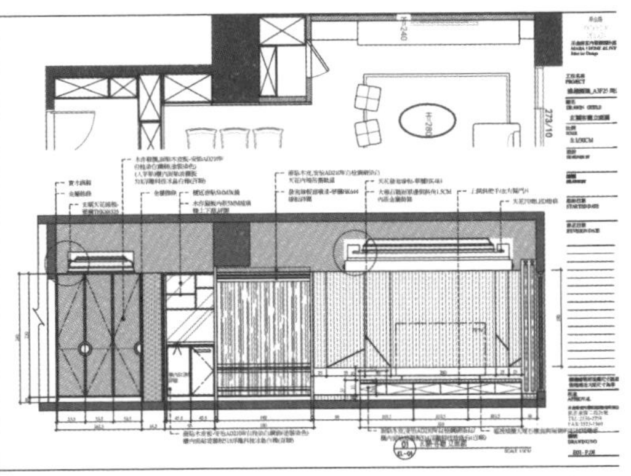

立面設計圖。

天花板燈具迴路圖。

設計約服務規範

『好宅』好的設計來自於生活體驗，站在客戶的角度做設計，將設計與生活完美結合才能為客戶創造出具有健康、實用、美學、質感、享受的新生活價值。

設計約服務項目:

- 新屋 — 客戶可以提供建築圖 CAD 檔.
- 中古屋 — 提供現場丈量/拍照/拆除複量為主.
- 設計圖流程 – A. 平面系統圖.

  -平面配置圖、拆除圖、天花板圖、

  -燈具迴路圖、弱電插座圖、給排水圖、空調圖.

  B.立面系統圖.

  -依空間出詳圖.

  C. 3D 效果圖（依空間分配3 ~ 5張，僅修改2次）

***增加每張收費 5,000.**

*如特殊狀況,依雙方協議另計.

采金房室內裝修設計<股>公司
免付費 **0800006866**

1、2 — 設計合約上會清楚載明提供給業主那些資料，3D 示意圖通常要額外收費，以上僅示意，非同一個案。

一流工法大解密 4

不能只看外貌決定一切
裝修更重工法才會長久

設計如果只顧表材美觀，沒顧好底子結構，
Sweet Home 變惡夢，住沒幾年，問題像葡萄成串冒出來， 好的設計師顧美感更重工法做得有無紮實到位， 就為一個心態：好房要住一輩子，不是一下子。

看上去沒太大問題， 應該不用花錢大裝修？

眼見不一定為憑，很多你以為耐用的，往往一拆或使用數年後，才知有狀況，得適度修補。

有些屋主為了節省裝修開銷，或者信心滿滿覺得「看起來好好的」空間，應該可以不用大刀闊斧重變更。實際上危機已四伏，何時爆發只是時間早晚問題。

老屋改造部分，問題點都不算大，因為我們都清楚老屋改造，要緊的是基礎工程，尋常人直覺該動就動，但遇到新成屋或者屋齡較年輕的，便會想是否能不改就不改，可以將省下來的預算挪做其他用途，特別是首購族，為買房子已支出大筆費用，外加有貸款的話，自然是往省預算方向前進。

又或者購買已有裝修的房子，表面新穎，直覺結構問題應該不大，即便再請設計師按需求改造，只要稍微整理就行，林林總總原因，使得設計師兩較取其輕之下，有時維持原本「面貌」，不過那些暫且看不到的風險，還是在那，以下便有幾個案例經驗， 值得一說：

別相信全屋釘壁板會好好的
小心背後欲蓋彌彰問題多多

客戶購入三房兩廳老屋，雖然有 40、50 年，購買時前任屋主有整理過房子，地板和壁板還算新穎，牆壁只需要重油漆粉刷，便可煥然一新。真正的問題點是拆除壁板後，才知道根本的結構問題沒有處理，只是在外覆蓋一層，像是遮羞布，純遮住房子缺陷，並沒徹底根除癥結。

1 — 屋主購買的老房，有事先整理過，外表乍看沒有太大問題，壁板拆後，問題一堆。

2 — 格局還算方正，不改格局和保留原壁面前提下，確實可省下一筆裝修預算。

問題1 共用壁，結構剝離

早期老房子建築時採連棟裝修，彼此牆壁共用，久經地震搖晃，結構容易出狀況，牆壁容易龜裂，棟與棟之間的結構體出現分離現象，嚴重到可以看見樓下。

問題2 輕鋼架天花下，樓板龜裂

拆除天花，才會看得清老屋結構實際狀況，該案例的樓板已出現嚴重龜裂，可以看到鋼筋，漏水危機更是難免。天花可清晰看到水痕。

問題3 牆壁裂化，漏水嚴重

壁面龜裂埋藏滲水問題，加上共用壁隨著年久失修，混凝土牆結構剝落嚴重，縫隙之大，讓滲水變漏水，而牆壁被水氣侵蝕，壁癌肉眼可見，不是光釘壁板，眼不見為淨即可。

建商附贈地板用料和施工品質不明
小心日後增加膨脹危機

當初幫屋主裝修新宅時，因為是新房子，建商附設的抛光石英磚地板看起來新穎，所以當時屋主決定保持原貌，可住沒幾年，屋主來電告知客廳地板從中央凸起。與其做局部替換地磚或純注射黏著劑來補平，我建議客餐廳地磚全拆持，重新做層防水，地坪水泥粉光整平，改用木地板。

1 — 一勞永逸解決地磚問題，直接拆除改換木地板。

2 — 施工時，還得將先前做的系統家具拆除，方便施工。

問題1 貼工和磁磚好壞響地板膨脹機率

磁磚品質好壞，以及泥作貼磚工法有無到位，加上熱漲冷縮影響，外來空氣灌入地磚和地坪間，會讓地板發生膨拱，導致磁磚凸起碎裂。

問題2 打針灌劑無法一勞永逸

灌黏著劑做局部補強，只能撐幾年。例如，80 x 80 地磚灌劑，只會灌到磁磚四周邊緣，中間部分還是有空心現象，一擠壓還是有爆裂危機，要想一勞永逸，會建議全拆更換木地板。

提供完整的售後服務，
是一家優質的設計公司負責任的方式，
也是提供專業服務最好的保證書。

工法：一流

懂工法原理

才懂設計與監工的重點

目前在法規上，新建築在結構設計、鋼筋材質、混凝土磅數需符合要求，否則無法取得建照，因此在結構檢測的問題多半不會發生在現在鋼構的毛胚屋或新成屋。但超過 20 ～ 30 年以上 RC 結構的中古屋，因時間影響而產生老化現象，再加上以前建築法規在防震及對抗惡劣環境的要求並不盡完善，因此房子難免會出現一些腐化現象，導致常見混凝土蜂窩狀孔洞、龜裂、白華、滲水、鋼筋腐蝕、海砂屋等情況產生。

尤其是面對中古屋時，因為居住長久，房子很多角落被家具或櫃體蓋住，或是在購買已裝潢的中古屋，所以很難觀察到樑柱等結構問題，往往等到設計師進駐後，在施行拆除工作時，問題才會一一顯現，這時身為專業的室內設計師又該怎麼辦呢？有哪些現象必須邀請結構技師出面處理呢？又有哪些情況是可以自行補強？怎麼補強才能住得安心呢？

CHAPTER 1

結構

經過鑑定之後，任何保護措施都要以最高安全來思考，或是以打算居住多久時間來安排保護的方式；一旦結構有問題，房子也會陸續出現下列情況。

- 混凝土變蜂窩狀孔洞
- 牆面龜裂
- 白華現象、石筍
- 滲水
- 鋼筋腐蝕
- 海砂屋

現場分析

analysis CASE 01

搶救結構損壞 鋼筋外露的名宅

重建居住安全，有玄關、有收納
耐震的舒適家園

設計策略
Design Strategy

- 建築結構：**25 坪，30 年 RC 結構華廈**
- 機能增加：**玄關區、收納櫃**
- 基礎工程：**鋼筋修護、全新門框、牆面補強**
- 安規建材：**F1 板材、健康系統櫥櫃、得利塗料、復古磚、超耐磨木地板、夾紗玻璃**

屋主因為喜歡該社區環境，所以入手別人已裝潢好的房子，後來因為孩子成家立業，想想也該替家重新規劃。不過已經有裝潢的房子，往往讓設計師在拆除之後滿是「大驚喜」，發現住宅真實面貌，屋況不如表面看起來的「風平浪靜」，造成日後工程費用增加的高風險性。

首先是房子受到幾次大地震影響，室內門框有扭曲歪斜情況，門難以密合或開闔不順。其次是在廚房靠近陽台的 RC 磚牆上有嚴重裂縫，導致牆面有傾斜及漏水情況，另外就是浴室天花有嚴重的鋼筋外露鏽蝕，而且舊有木地板下方竟然是原本毛胚狀態、地面根本不平整。

其實裝潢好的房子（尤其是投資客的），都有可能面臨這類問題，所以裝修時工程費會多列出幾個可能衍生項目，但不列入報價單中，如有追加，費用將有所調整，這些需讓屋主清楚、避免日後糾紛 。

搶救→ 嚴重結構問題最好有結構技師協助，設計師勿自行修補

搶救→ 結構先回正，全面補強，再安排機能

搶救→ 沿牆設計收納，強化採光通風動線，放大原空間格局

1 —入門區做半高櫃和噴砂玻璃，一來玻璃隔屏還能保有採光，讓光穿透進客廳，二則可以不一進門就看見廚房，改變動線向左走，形成玄關。

2 —櫃體結合鞋櫃及收納機能，而活動茶几可視屋主插花、喝茶而移動變化。背牆的夾紗玻璃設計，為衛浴間保留光源，同時也成為空間藝術焦點。

Before 改造前

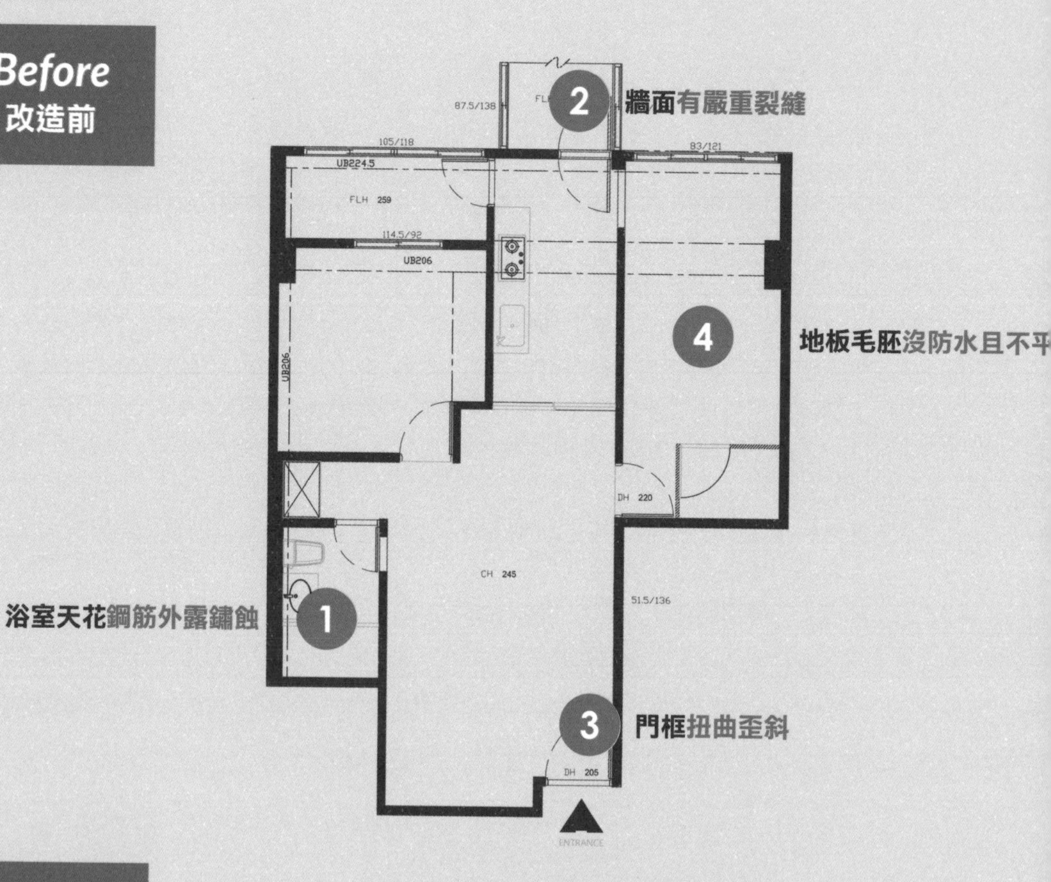

After 改造後

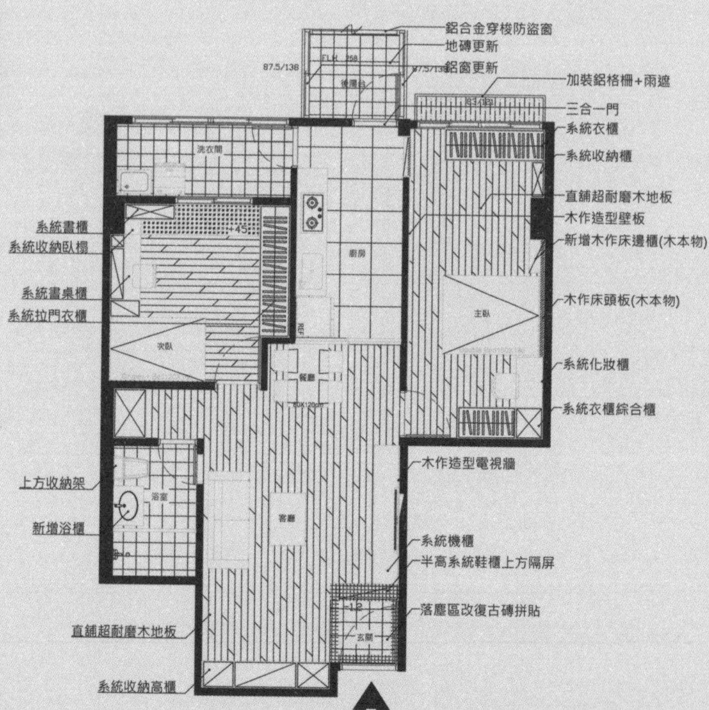

1 浴室天花鋼筋外露鏽蝕

→ 在不影響結構前提下，生鏽腐蝕的鋼筋周邊水泥層先剔除乾淨，重做抗腐蝕處理，塗抑制劑加做防水，最後水泥粉光。

2 牆面有嚴重裂縫

→ 新舊紅磚牆要咬合，需在交接處下鋼釘，如牆面裂縫大，可用鐵網輔助小型ㄇ型釘，像訂書針概念，加強咬合。

3 門框扭曲歪斜

→ 利用鋼構門框和楣樑來強化結構穩定度，又或者可透過 H 型鋼構架在門樑，讓牆的支撐力提高，連帶增進門樑穩固力。

4 地板毛胚沒防水且不平

→ 毛胚地坪重作整平工序，徹底清潔素地，重拉水平好墊高地面，記得完整防水步驟也不能少。

處理要點 1

浴室天花鋼筋外露鏽蝕

Deep Learning

在 RC 結構體內部的鋼筋，只要混凝土的砂土及水的比例符合法規，其本身會提供鋼筋一個 pH 值約 12 ～ 13 高鹼性的環境，在鋼筋的表面自然形成一個氧化膜，不易受到空氣及水氣的腐蝕。

但是除了地震之外，還有兩種情況也會令結構出問題：

❶ 水泥砂含鹽量太高：當鋼筋表層的混凝土鹼度降低，或是有水分和氧氣存在，或是有氯離子存在（即海砂屋）之情況下，鋼筋表面的氧化膜會很容易被破壞，而有腐蝕情況發生。

❷ 施工太急：早期 RC 結構的樓地板厚度不足，或在放樑鋼筋時，施工人員未等水泥乾燥就放，導致鋼筋位置太沉，時間一久，天花板或樑柱鋼筋鏽蝕外露。

天花：有鋼筋外露 + 2 公分裂縫，就必須請結構技師先鑑定！

如果不影響結構安全，大部分都可以透過混凝土表面防水處理，或添加鋼筋腐蝕抑制劑，使用防蝕鋼筋，利用 Epoxy 環氧樹脂、鍍鋅或不鏽鋼板等方式補強處理。

鋼筋腐蝕抑制劑＋Epoxy環氧樹脂

剃除 工法 1

剃去原有水泥層 直到見到鋼筋

先將鋼筋生鏽區域範圍的覆蓋水泥完全剔除掉。

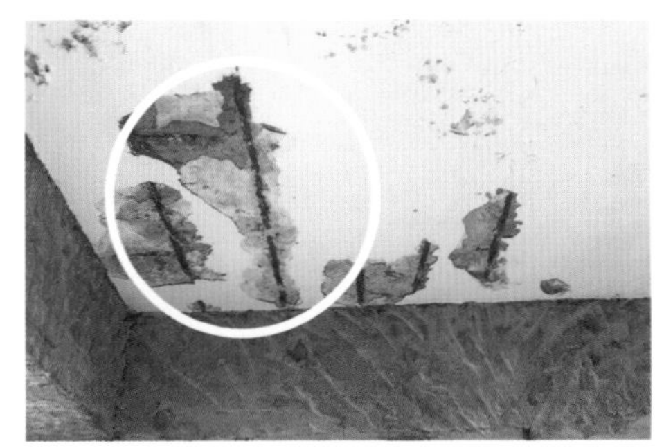

抑制 工法 2

塗鋼筋腐蝕抑制劑 第一層阻止再鏽

然後在裸露的鋼筋上，添加鋼筋腐蝕抑制劑，在這裡我們是用「鋼筋銹膜轉化劑」。

阻斷 工法 3

Epoxy 環氧樹脂 阻斷空氣、水氣再作用

待乾後，再用 Epoxy 環氧樹脂填滿在鋼筋外露的地方。由於 Epoxy 環氧樹脂本身就有防水性功能，因此在此不再做防水處理。

保固 工法 4

水泥粉光→天花板 保持乾燥，保用 10 年

等 Epoxy 環氧樹脂乾後，再上水泥粉光鋪平，以矽酸鈣板做天花板設計，搭配排風機或暖風機，如此一來在浴室保持乾燥及通風良好的情況下，還可使用約 10 年，不怕天花板鋼筋水泥掉下來。

處理要點 2

牆面有嚴重裂縫

Deep Learning

房子居住久了，牆面會出現裂縫是正常的，有幾種可能提供大家評估：

1：小於 1 mm→氣候影響

受到太陽照射、風吹雨淋、熱脹冷縮等等的影響，使油漆產生龜裂或細小裂縫情況。只要把舊有的油漆剔除，重新上漆即可。

2：大於 1 cm、長度達 10 cm 以上→要小心

因為牆面在受到強烈地震關係，使得牆面與天花或地板的接縫處產生裂縫，甚至是牆面本身就產生裂縫時，必須注意若出現在樑柱上方而且混凝土裂縫寬度超過 1 cm、長達 10 ～ 20 cm 以上，看得到內部鋼筋的時候，或明顯變形彎曲，或漏水的清況下，表示結構已經損壞。

3：出現 45° 的斜裂縫→表示牆面左右平衡的力量已經被破壞

應該先請結構技師鑑定，若結構技師覺得對房子結構無慮，才可以用補強方式處理。本篇專門針對新舊牆間出現結構裂縫的補強方法來說明。

從浴室、廚房的維修孔、燈具孔觀察鋼筋鏽蝕

未拆除前，如何看房子是否有鋼筋外露鏽蝕？最簡單的方式：

❶ 找到浴室或廚房天花板上的維修孔打開，用手電筒觀看。

❷ 萬一沒有維修孔，也可以利用天花板上的燈具，從燈具卸下來的孔洞裡觀看，也可以看到房子的實際面貌。

新舊牆結構、裂縫補強

咬合工法

同材質結合使用
新、舊紅磚牆，以鋼釘咬合磚塊

當進行到結構打到紅磚牆時才發現，原來牆與柱之間完全沒有磚塊咬合，這種情形常發生在屋主自行外推到陽台或其他外推牆。

一流 POINT　同材質專用法

我決定磚牆的交接處每隔 2 至 3 塊磚，再下鋼釘，使新舊牆能咬合。

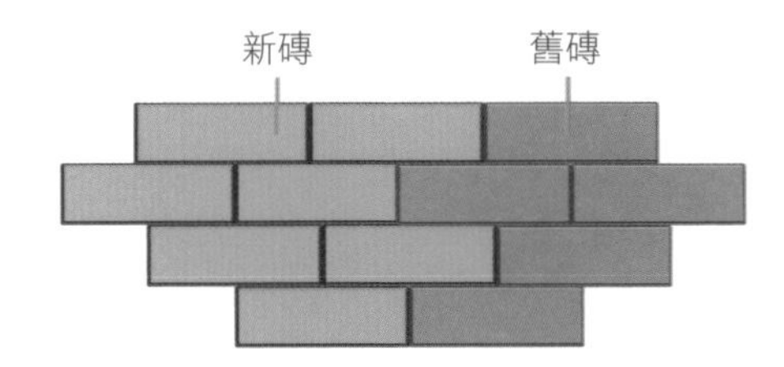

一流 POINT　交丁工法

每隔 2 至 3 塊磚就抽出一塊舊磚，插入新磚，這種工法，用在 90 度轉角的新舊牆交接，是我認為最牢靠的方法。

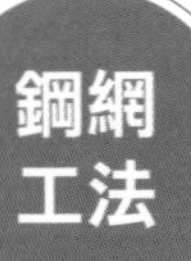

鋼網工法

異材質專用
用鋼網綁定 RC 牆與紅磚牆

因強烈地震，使得牆面傾斜出現大裂縫，鐵網以小型ㄇ型釘打入牆面裡，讓兩個牆面咬合，使裂縫不再擴大，再用水泥粉光補起來即可。接下來只要等到水泥粉光乾後，看要上漆或是貼磚均可。

處理要點 3

門框扭曲歪斜

Deep Learning

傳統的 RC 結構牆在安裝框時，往往在磚牆上直接嵌入木作或鋁製的門框，然後再用水泥固定住，沒有再做特別的補強動作。但在經過長時間的水氣入侵，或是地震搖晃關係，很容易使木作或鋁製的門框產生扭曲變形的情況，使得門板在開闔上產生卡卡的問題，更甚者，導致因門窗卡住無法開啟而產生逃生的問題，我會建議裝修中古屋的屋主在規劃上，不妨撥出約台幣 5000 元 / 樘門的預算，加強門框或門楣結構，讓居家生活更安全。

林良穗貼心叮嚀—— Professional Exhortation **在購屋時，我會建議最好買「毛胚屋」**

指的就是完全沒有裝潢過的房子，有什麼問題一目瞭然。「裝潢屋」不但會被哄抬屋價，也看不到實際狀況，等居住後再來改裝，實在浪費錢。或者在買賣合約簽約時要有但書，若是被檢驗出結構有問題，請買賣雙方協議解決，或是和仲介公司一起協調處理，才能保障權益。

用鋼構加強門框、楣樑結構

便利工法 1

拆舊門加門樑 現成的 RC 門樑，長度比門寬

拆除有的舊鋁門（或木作門框），在嵌入新鋁門或木作門框前加置 RC 水泥門樑。

防震工法 2

防震不鏽鋼門框 必須訂做一整組

嵌入鋁門／鋁窗，並用水泥填縫粉光。

外牆工法 3

防水工程

做防水，並貼上二丁掛磚完成。

一流 POINT　撇步工法大分享／H 型鋼構重點強化

除了用鋼構一整個門框的製作工法外，還可以運用牆的支撐力來強化門框楣樑的堅固性及強度，也就是運用一塊 H 型鋼構架在門樑上強化即可。

處理要點 4 地板毛胚沒防水且不平

Deep Learning

在拆除原始的木地板後，才發現原始裝潢為了走管線而將地板架高處理，樓地板底層仍是建築毛胚面，這時無論上什麼地材都容易產生不平的情況，甚至還可能有漏水危機，因此必須將地坪先做素地整理，重做防水工程，再上地面材才安全。

清潔工法 1 拆除並清潔 3 次以上

先將原本的架高地板拆除，同時確實做「素地清潔」最少 3 次，用整平機將異物清除，必須讓地面完全清潔、沒有灰砂殘留。

防水工法 2

全室地面防水處理

為地坪做簡易防水。由於是中古屋，樓地板有可能過薄，再加上有水管經過，因此為避免未來水管爆裂時，水會流至樓下，因此建議最好全室地板都做防水處理。即使客廳區，轉角也要加纖維網。

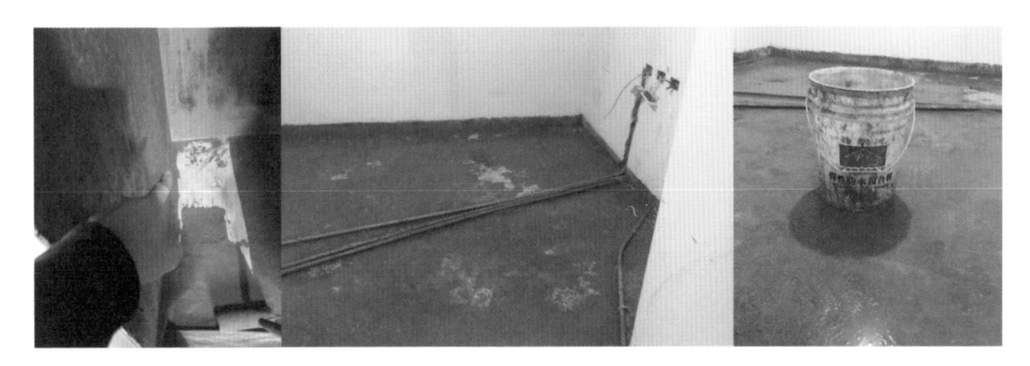

墊高工法 3

地坪墊高收平

待防水層乾後，則用泥作把地坪抓水平墊高抹平處理，此時要依墨線確實檢查。後續要貼地磚，地坪泥作做到粗底整平即可，如果要貼木地板，建議水泥粉光為佳。

100 cm 處畫定位點，高程水平墨線保證地平

裝修工程最怕房子本身高地不平，因此我們一定會先在高度 100 cm 處打一條墨線做基準。

這個動作的功能是可以同時檢視地坪、櫃子等是否高度一致。也幫助設計師檢查工地時，對所有物件都有參考基準。

關於結構檢測，何時才要請結構技師？

台灣位處地震帶，雖然建築物都有做耐震設計，但老舊公寓大樓往往因耐震能力可能已不符合現在法規需求，因此更需做結構檢測以防範未然。不過，當居住安全有疑慮，必須找專業技師查看時，光初步評估就要花費約 8000 元，細部補強報告 30 ～ 40 萬元起跳，進行結構補強則可能花費上百萬元。到底什麼樣的屋況，才需要請專業的結構技師來檢驗跟釋疑呢？這裡整理一張表格，提供簡單的判斷。

項目	結構細節	應請專業人員評估	在不影響結構安全下，可自行修復
結構樑柱	樑柱接合處、柱子的頂端或底部，是否有接近 45 度或 X 型交叉的斜向裂縫	V	
	靠近在門窗邊或上方的樑柱，是否有接近 45 度或 X 型交叉的斜向裂縫	V	
	下面無隔間牆的長樑，中央部位有垂直向裂紋	V	
	混凝土剝裂、鋼筋外露，甚至斷裂的現象	V	
	樑柱頂端或底部有明顯的水平裂縫或錯位	V	
	樑柱表面大理石或磁磚掉落		V
	油漆剝裂或細紋龜裂現象		V
磚牆部分	三樓以下老舊建物外牆沿 RC 柱或樑邊離縫	V	
	外牆成斜向 X 型寬裂縫	V	
	三樓以下老舊建物外牆發生橫向裂縫	V	
	三樓以下老舊建物，牆身與下部基礎結構脫離	V	
	門楣磚牆之裂縫（多產生於隔間牆）		V
	磚牆窗台或冷氣口下方之裂縫		V
鋼筋混凝土牆 RC	RC 牆出現斜向，或 X 形，或水平裂縫，裂縫寬度 0.2 cm 以上，長超過 10 ～ 20 cm 以上	V	
	RC 外牆開口（窗）斜向裂縫，裂縫寬度 0.2 cm 以上，長超過 10 ～ 20 cm 以上	V	
	RC 牆發生大面積的裸露鋼筋	V	
	隔間牆嚴重裂損，上下錯位	V	
	RC 牆出現裂縫，其寬度低於 0.2 cm 以上，且長度少於 10 cm 以上		V
樓梯	樓梯平台發生沿踏步處水平斷裂	V	
	樓梯平台或轉角產生裂縫		V

（＊以上資料參閱臺中市政府都市發展局編製《地震後房屋結構自行初步檢測簡易手冊》）

補充教材 結構加強工法第一課

排除海砂的結構補強法

所謂海砂屋，指的是混凝土中混入了「未經處理的海砂」，作為房屋建築結構體的灌漿料，正式的名稱是「高氯離子混凝土建築物」。 砂中過量的氯離子成分會破壞混凝土的強度，另外是施工不當便會導致鋼筋腐蝕，造成混凝土龜裂剝落、鋼筋外露，嚴重時更會損害房屋結構，影響居住安全。

可請營管處提供檢測服務

這種房子，在台灣房地產最鼎盛的 70 ～ 80 年代可説是最猖獗的時期，並在民國 82 年時，海砂用量達到高峰，因此大約 20 年以上的中古屋都有可能內含海砂屋的疑慮。如果屋主有這方面的疑慮，建議不妨可以找民間公司或政府單位如台北市政府建管處等皆有提供氯離子檢測服務，基本費用是鑽測 2 個樣本（亦即 2 個洞）3000 元。若鑑定出來有海砂或是結構不良，則還分為黃標或是紅標，紅標則必須列管拆除重建；若是黃標只要結構補強即可。

黃標	**結構補強**
紅標	**列管拆除重建**

由於每間房間都有局部的鋼筋裸露情況，其中一間房間甚至看得到鋼筋斷裂，請來結構技師檢視後，發現氯離子含量未超法定標準，另外屋況尚完整，因此只要做好結構補強，房子還可以居住很久。

顧及屋主的居住安全，因此除了做鋼筋防鏽處理外，外在鋼網、鋼架補強，必須讓房子可以再住上 10 年以上。

鋼網補強

鬆動處要檢查

如果一個房子的天花水泥看起來有鬆動感，就要敲打看看。

即使無鋼筋裸露但只要壁面或天花看起來鬆動突起即可敲打看看，並打至鋼筋處做確認是否有鏽蝕情況。

一流 POINT 焊上鋼網片加強

在裸露鋼筋上漆上鋼筋腐蝕抑制劑，可以延緩鋼筋鏽蝕風化，樓板天花可比照牆面結構加強施工處理，加上鋼網補強。

塗布

輕質水泥層當第二個防水層

在鋼網上再用 Epoxy 環氧樹脂或輕質水泥砂漿填補及防水。

粉光

水泥粉光是表面修飾

完成輕質水泥層的填補後，待隔天乾燥後即可施作水泥粉光。

桁架

鋼承板鋼架結構固定左右牆水平

由於這個空間的高度達 3 米 2 左右，再加上屋主希望房子能再使用 10 ~ 20 年，為安全起見，我在天花部分再用 Decks 鋼承板做桁架結構，由水平方向產生推力，使兩牆結構穩固。

保安工法

強化安全再加碼

保用 10 年安全工法，先用鋼承板做結構，下天花板角材支架，最後封矽酸鈣板，表面油漆整飾，可再使用 10 年以上。

鐵衣包覆

鐵板焊鑄支撐樓板結構

老屋外牆陽台樓板鋼筋外露腐蝕，一般處理無法有效強化結構時，可選擇將整個陽台焊鐵，穿一層鐵製保護衣，做防水毯，再住 10 年也沒問題。

比一比：Epoxy 環氧樹脂 vs. 輕質水泥砂漿 vs. 彈性水泥

小面積用輕質水泥，大面積用 Epoxy。

❶ 輕質水泥砂漿無論在價格或工法上，都比 Epoxy 環氧樹脂來得便宜及簡單，但相對其效果和時效，卻沒有 Epoxy 環氧樹脂來得好。如果鋼筋腐蝕面積小且情況輕微，則用輕質水泥砂漿即可。

❷ 若是鋼筋腐蝕面積大，又想居住長久的話，則建議還是花多點錢用 Epoxy 環氧樹脂會比較安心。

❸ 彈性水泥的防水效果並不是很牢靠，我只用在毋須用水的區域，例如客廳，千萬不可使用在浴室或頂樓。

補充教材 結構加強工法第二課

「風頭壁」滲漏水處理

常有找不到漏水的原因時，那時就比較麻煩了，而風頭壁漏水就是其中一種。台語講「風頭壁」，指的是迎風的那面牆，因常年受日曬、風吹、雨打，久而久之牆面開始老化、龜裂、滲漏進室內。這個跟抓漏最大不同是，很難找到漏水的地方，再加上水是流動的，很有可能單用防水漆工法補完這一區域，沒多久另一個地方就會漏水出來。

迎風面漏水，光用防水漆無效。

因此處理的方式，最好是花錢將室內做牆面打針高壓灌注外，室外也要做防水層處理，才能一勞永逸。以這個案子為例，20 年的中古屋在拆除地板後明顯發現樓地板有滲漏水問題，但牆面並沒有管線經過，經由抓漏師傅一同研發後，認為是風頭壁的關係，使得水氣從兩層中間的樓地板接縫處進來，不但樓上潮溼，連同樓下天花板也受害。

漏水結晶

有些漏水是日積月累的，甚至還會出現如鐘乳石的情況，稱之為「白筍」。這時就要剔除這些結晶，找出漏水原因並做防水處理。

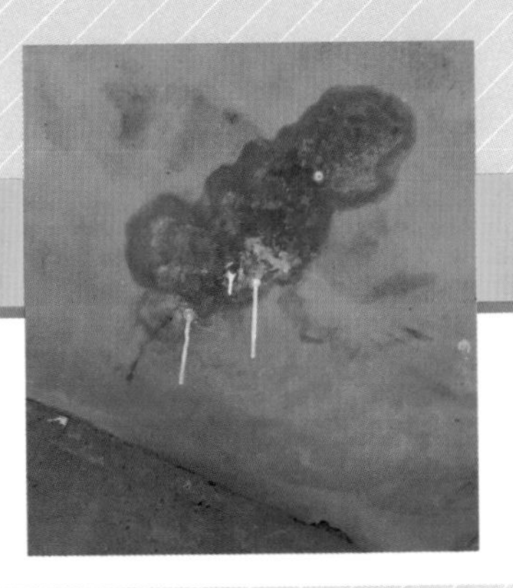

除壁癌

漏水工法大解密 踢腳壁癌也要拆除

除了將地板剔除外，連同垂直面的踢腳壁癌也要一併拆除。

肌理處理

高壓灌注 形成一防水層 專填結構中的裂縫

在滲漏水的樓地板與牆面交接處打入高壓灌注，這時高壓灌注會在上下兩層樓的內壁縫中膨脹，阻住孔隙，形成一防水層。在施作的同時，也要注意樓下牆面情況，若有滲出牆面則要協助油漆處理即可。

表層

防水層處理 第二層防水工程

最後再做防水層處理。若是預算足夠，建議最好與樓下鄰居一起出錢，在上下兩層樓的外牆也做防水處理，才能一勞永逸。

補充教材 結構加強工法第三課

外牆防水處理

防水漆 室內、室外同步使用防水漆才有效

之前提到在老舊的 RC 結構公寓因以前建築工法關係，使得樓與樓之間的接縫處很容易滲水進到室內。因此最好的防範方式，就是除了室內要做防水處理外，最好室外也要做防水層強化。但其效果大約持續 3 ～ 5 年左右。之後，建議每 5 年就要再施作一次室內室外防水才有效果。

另一種最保固的方式，就是做外牆拉皮（重砌外牆磚），再加上遮雨棚，效果可以持續 10 年以上。

室內打針（左），室外防水層（右），雙層保護。

電梯大廈防水打針處理

電梯大樓礙於管委會規定，除非整棟住戶同意更新外牆磚，好重做防水，不然多是在室內高壓填縫，尤其窗框周邊牆面，按嚴重程度 15 到 20 cm 一針，室外可搭配防水漆加強防護。

拉皮

外牆防水工法大解密 保用 15 年雙工法

想要避掉壁癌、牆壁漏水，外牆防水得做足。防水漆塗布涉及塗料品質與做工，它的壽命年限是有限的，若想要更持久，建議防水層外，可以外牆貼磚來改善。

防水 + 水泥粉光

補強並埋設管線

在開口，如窗框四周做補強及向外傾斜的洩水處理，以免雨水滲入。同時埋設電熱水器之管線及瓦斯管線。

二丁掛磁磚

最後補上外牆二丁掛磁磚。

兩遮水切 外牆雨遮之水切工法大解密 多加一道，可以保用到 20 年

架設雨遮棚

一、二樓交接處架設雨遮。並記得在雨遮棚外側做排水設計。

一流 POINT 法規與裝修限定

要注意該區的建築法規能不能加雨遮。尤其鐵皮屋漏水裝修改建，有其法規規範。

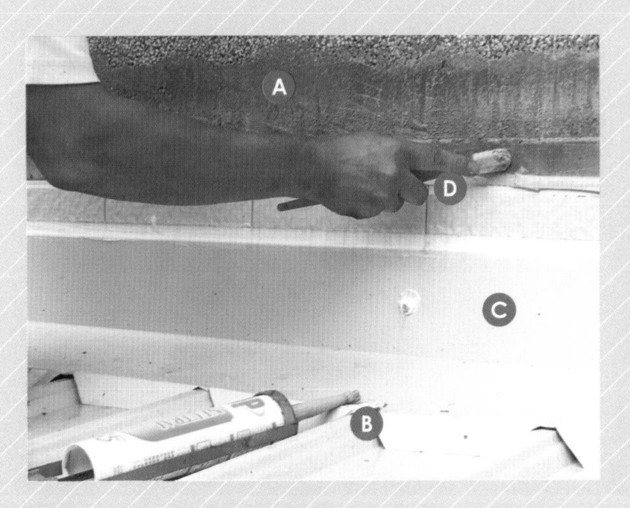

Ⓐ 防水漆要上到二樓地板底部
Ⓑ 雨遮鐵皮（三明治）嵌入牆壁上的斷水線（水切工法）
Ⓒ 再上鐵蓋加強防水
Ⓓ 上矽利康密封

防止雨水倒灌 3 步驟

❶ 外牆的防水層一定要做得比二樓室內樓地板高。

❷ 遮雨棚的架設高度要低於防水層，以防止雨水倒灌。

❸ 外牆與遮雨棚之間用矽利康填縫。

補充教材 結構加強工法第四課

牆面「膨拱」處理法

比較少見到在水泥牆面出現膨拱現象，在於 RC 牆壁打底抹平前，泥水匠會先抹上一層由海菜粉、水及純水泥依比例調合打底，如果這層水泥打底層的比例不對，很容易導致日後粉光層的剝落。另外，本身 RC 牆壁內過於潮溼而產生病變，如壁癌或白樺等現象，使得油漆表面層及水泥粉光層已無法咬合 RC 牆面而凸出來。

防水漆

解決水泥膨拱 剔除即可重新上水泥

情況輕微時以防水漆處理

將已膨拱的表面層剔除掉，像這個情況算較輕微，並沒有鏽蝕到鋼筋，因此只要先做防水漆處理。

水泥粉光

然後修補牆面水泥粉光即可。

補充教材 結構加強工法第五課

新舊樓地板拉平+老屋拉皮

台灣有不少像這類因應家族成員的增加，而依附舊建築再增蓋的房子，並透過開口，如門的方式，彼此連接在一起，又因為前後完成時間不同，使得這棟不同時期建造的不規則基地的房子產生樓地板落差，並因當初建築在興建時接縫處沒有處理好，因此漏水嚴重。但因屋主預算有限，決定只要保留建築結構，並拉平各層樓地板、外牆拉皮、室內格局重新規劃。

拉平

2 棟樓間地板拉平工法
連續壁務必處理，自己築新牆

拆除至結構體 進行建築體拆除工程，只留結構。

綁鋼架整平樓板

依建築結構綁鋼架，整平樓板地基和隔壁分隔牆，綁鋼筋做樓層隔牆結構。

牆面混凝土

架模板，灌牆面混凝土。

樓板整平鋼筋灌漿

將三樓樓板整平鋼筋灌漿。

外牆美化

拉齊後的三樓樓地板，外牆用南方松築起圍籬，內置空調主機及電熱水器，可透氣又不怕日曬雨淋，美觀又能延長使用壽命。

拉皮

外牆拉皮工法大解密 迎風面選建材很重要

拆除工程

搭鷹架進行拆除工程，打到只剩結構體。

新開窗

依需求開大窗戶，增加建築光源。

上表面材

上防水層之後，迎風面上二丁掛，正面則用抿石子防水，因為抿石子不如二丁掛耐風吹曬雨淋。

一流 POINT 高壓洗牆

外牆水泥層需高壓清洗表層髒垢，當水泥風化徹底成粉狀，那麼得剔除表面到結構層，好做進一步打底。

在居家裝潢裡，水路工程是第一個重要的基礎建設，一旦設計不好，出了問題時，就表示要拆牆，那麼拆除的就不只是管線或牆面，還包括附在牆上的其他物件，如櫥櫃等等，可說「牽一髮動全身」。

家用的水路管線規劃，多半集中在廚房、衛浴、工作陽台與前陽台，有出水口及排水孔。近年來，又因為流行餐廳及廚房採開放式設計，因此有時也會在中島加裝一個洗水槽，所以也要注意洩水坡度。

水路設計原理

水路工程除了給排水、糞管外，還有瓦斯管路、消防管路、空調管線，設計師在進行圖面設計前，必須遵守原則：

❶ **最短距離：**給水與排水管線，以最近距離為安排原則。

❷ **原始定點周圍最理想：**想要變動用水格局時，不能離「定點太遠」，定點指的是管道間或用水空間的原始位置。

★ 水路工程還包括消防管路、瓦斯管路，但受制於建築及消防規章，必須配合政府單位進行。因此本篇討論以「給排水」、「糞管」及「空調」的水配管為主。

CHAPTER2

水路

在家裡用水洗碗、洗澡、刷馬桶時，不會去想家裡的水是怎麼來的？走哪裡管線出去的呢？總是要等到水管漏水或是被堵塞時，才會去找隱藏在牆壁裡面的水管，尋找原因。

- 漏水
- 水量不足
- 排水不良
- 壁癌
- 廚衛移位
- 衛浴數量不夠

搶救 40 年水路問題 管路重疊又漏水

樓層、廚衛拆分，房間從此都有光 還有主婦最愛的花園陽台和洗衣間

設計策略
Design Strategy

- 建築結構：**25 坪，40 年公寓長型屋 3、4 樓，拆內梯，一分為二**
- 機能增加：**增加陽台與室內洗衣間**
- 基礎工程：**壁癌、漏水、管路全面更新**
- 安規建材：**低甲醛油漆、拋光石英磚、超耐磨木地板、磁磚、強化玻璃**

標準傳統老式公寓，長型屋格局、中央有天井採光，有可以通往上下樓兩戶的內梯，真實屋況只能用「年久失修」來形容，整個樓梯間和壁面都有嚴重壁癌與掉漆，僅前後有採光，後半段還被廚房及衛浴佔據，因此水路管線全集中在後半區域範圍，光線全被封閉在此，造成房間多為無對外窗的暗房。

本戶出入大門剛好位在房子中段，將長型屋格局切成 1:1 比例，只因舊式規劃不當，使得採光、通風、隔間、動線都很差。討論實際需求後，了解年輕夫妻未來仍是到樓下父母家用餐，自己多以輕食為主，加上女主人希望能多間衛浴設備，為了滿足三代同堂，彼此保有各自隱私空間，公婆有自個兒愜意時光，我建議拿掉上下貫通的內部樓梯，個別有獨立出入門，機能空間重新分配，包含早期為維修方便的集中配管法，也做幅度調整，重新配管，大幅調整廚房及餐廳位置，賦予新家能有明亮、現代風格的氛圍。

搶救 → 公共空間挪中央，前後兩側改成臥室，重造會呼吸的窗景

搶救 → 換舊水電管線和門窗設備，最小幅度變更管路，衛浴 1 變 2

搶救 → 前段退縮打造新陽台好通風，還多出儲藏室收納

1 — 餐廳及廚房利用中島做場域區隔，現將管線配在廚櫃及地板下方。

2 — 房子前段分出 2/3 當孩子房，剩餘空間規劃成儲藏室和通風的前陽台，對外陽台窗戶拆除後，用木條收邊並裝設大片明鏡，拉長空間景深同時，一併將戶外光投射入內。

Before
改造前

衛浴只有一間
不敷需求

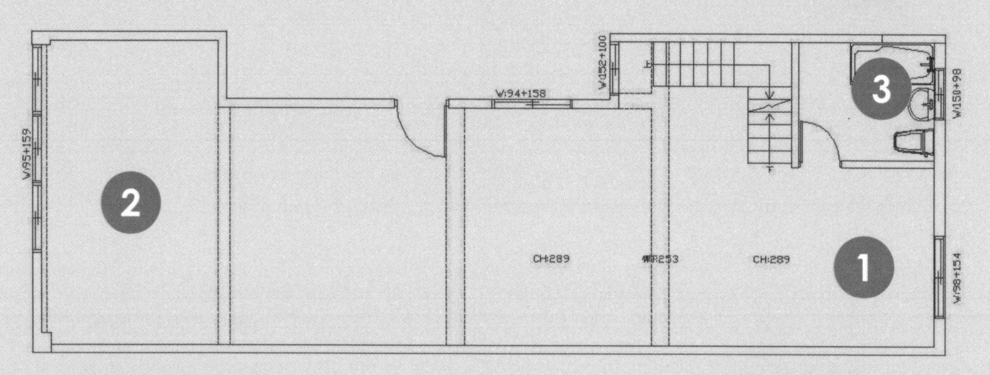

陽台機能規劃差
空氣沒對流

廚房在後側
擋掉採光和通風

After
改造後

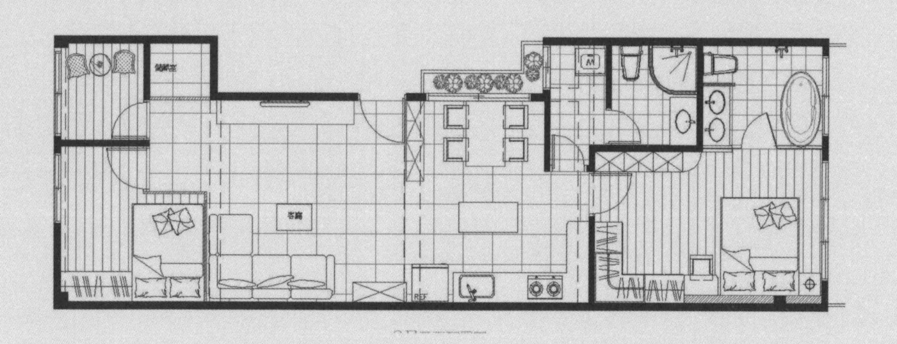

1 廚房在後側 擋掉採光和通風

→ 廚房位置從原格局底部前挪，機能隔間大搬風，除了要將廚房的給排水管位置移動。考慮房子老舊，管線已多次埋設，既有隔間牆結構強度怕有受損，配合重新配管，隔間牆也要全拆重砌。

2 陽台機能規劃差 空氣沒對流

→「退縮法」挪出孩童房和新的陽台，讓空氣可從前陽台流通進室內，並利用零星空間改造成儲藏室，增加空間機能性。

3 衛浴只有一間，不敷需求

→ 考量樓上下共同排水的順暢度，衛浴位置不做大幅度更動，利用原浴室相鄰，也是原內部樓梯空間，改成第二間客用衛浴。除此，新配管線之餘，舊排水管路得封住，避免未來漏水。

處理要點 1

廚房在後側 擋掉採光和通風

Deep Learning

因長型屋的關係，傳統建築會將廚房安排在後面，然後走過長長的走廊與客餐廳串連，試想當熱呼呼的菜，由此穿過走廊及房門，端到餐桌來，不方便又十分危險。像這類超過 20 ～ 30 年以上的中古建築，當年為了統一配管及維修方便，也會將家中的廚房與衛浴等這類需要給排水的場所集中在一起，可就整體使用動線及生活機能來説，卻十分不便。同時也將少數的採光窗因抽油煙機的安裝而被封死或遮蔽，十分可惜。

由於屋主決定不常在家中開伙，因此將廚房移至空間的中段區域，與客廳結合，採半開放式設計，形成一開放的公共領域，使視野開拓，並有充裕的活動場域。衛浴空間位置，旁邊利用封閉樓梯間的面積，多設了一間公共浴室，並將兩端有採光的空間改為私密的房間。

全室拆除及配管工程

根據平面配置圖，畫給排水圖 讓施工單位清楚給排水方向、管線尺寸、分管的路線。

水路配線圖的目的是：

❶ 標示水進來及水排出去的路線，尤其在圖面上應標示清楚的給排水方向

❷ 標示管線尺寸、分管的路線、行進高度、轉折處及出口水平、垂直位置。

這個步驟是讓設計師可以冷靜思考，所規劃的出水口是否合理，也才能讓現場的施工單位清楚明瞭如何作業。否則等到埋管做好了，馬桶來才發現糞管口徑不對，或是水龍頭偏位等等，就為時已晚。

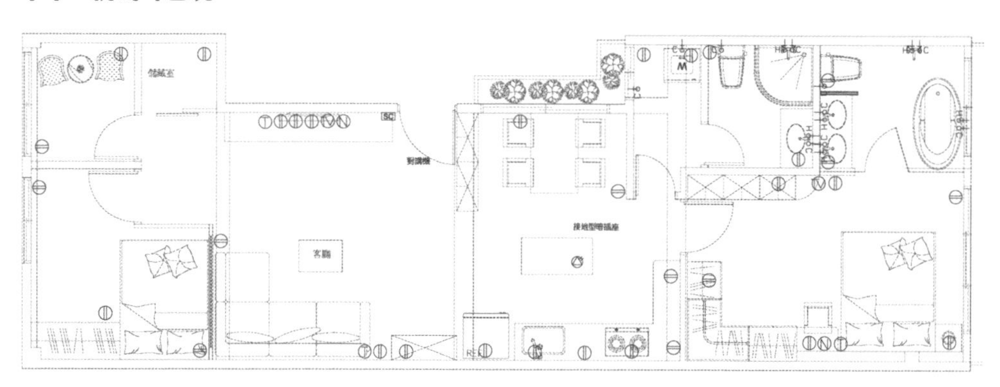

林良穗貼心叮嚀—— 20年老屋水電師傅現場初驗＋申請竣工圖

Professional Exhortation

除了邀請專業的水電師傅現場檢視，如由外部進到屋內的水流是否順暢、有明管跑線或改管、有漏水現象等等，我還會想辦法調到當初的建築竣工圖。

建全的社區管理委員會，通常會保留一份建檔，可以跟管委會申請。若沒有管委會，則經由屋主同意，委任設計師或水電工程單位至該地的縣市政府之「建築管理工程處」調建築的原始圖面，好處是可以再次確認老舊管線的位置，避免在施工時不小心破壞公共管線。

【申請方式】

- 檢附申請書及委託書
- 所有權人及代理人身分證影本即可。
- 一般分為原圖及縮影圖，只要一個工作天，每張圖約 A3 大小，費用 3 元。

全面拆除隔間及舊有水管 舊管多層重疊，會讓磚牆強度嚴重不足

除了格局重新調整外，有感於之前的水電管路已久遠老舊都沒有更換，為顧及未來居住安全，及避免爆管問題發生，一定要全部拆除並更新。

一流 POINT　多次埋管，舊牆不能再用！

❶ **拆除重砌：**在拆除時發現廚房與浴室舊牆，因歷任屋主安排的舊管都沒有好好拆除再安裝，而是層層重疊，多次埋設造成磚牆結構強度已經不夠，整道牆拆除重新砌磚牆。

❷ **拆除時，牆面要見到 RC 或紅磚：**有些人會偷懶，連「口香糖」都留著，將來磁磚一定會掉落。

廚房與公浴室舊牆因舊管多次重疊埋設，造成磚牆結構強度不夠，我建議整道牆拆除重新砌磚牆。

從地坪、隔間及水電管線進行全面拆除。

拆除至結構磚牆及樓地板。

埋管工法 3

按圖施工重新配管 採架高樓地板，以埋管方式處理

先依照工程圖開始進行磚牆的重砌，再做廚房及衛浴空間的配管工作。這裡為了施工管線的便利，依照原始的建築配管方式，均採架高樓地板，以埋管方式處理。管線排列方式必須由下而上：電管→熱水管→排水管。

一流 POINT　砌牆不能搶快

砌紅磚牆，一天只能砌 120 至 150 cm 高，然後灑水再砌磚，搶快，會不牢固。

快速記憶法
Fast memory

因為排水管是最容易因堵塞而必須維修的項目，被排在最靠近地面上層。

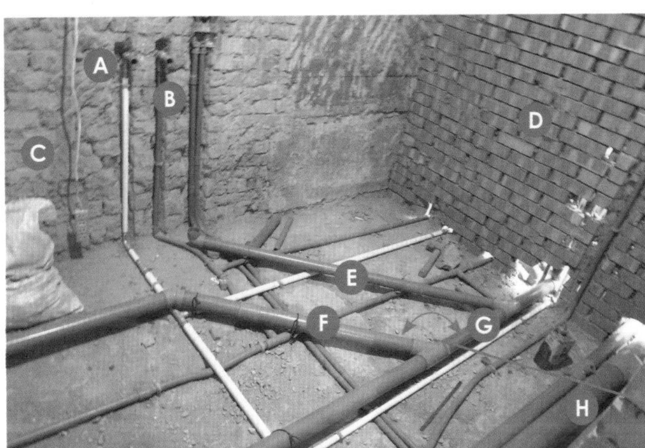

A 熱水管（有白色絕緣體包覆）
B 冷水管
C 舊牆
D 新牆
E 排水管
F 冷水管分管
G 排水公管
H 糞管

> 90°

一流 POINT　主、支水相接，一側必須大於 90 度

公管與支管的銜接務必要大於 90 度，因為排水有壓力，如果雙管同時使用，回灌水會積壓力在此，排泄效能降低。

廚房配管工程

排水坡度要抓好 1/50、1/100 原則，排水順暢

很多住戶在入住後，發現家裡的排水很慢，在排水孔附近容易堵住，這有可能是在施工時，沒有抓排水坡度。按照建築法規要求，排水管管徑及坡度，其橫的支管及主管管徑：

❶ 小於或包括 75 mm 時，其坡度不得小於 1/50

❷ 管徑超過 75 mm，不小於 1/100。

一流 POINT　排水配置以「最短距離」為重點。

水離哪近，便往哪排，因此水管定是「橫跨」過空間的中央，不會繞牆邊走。

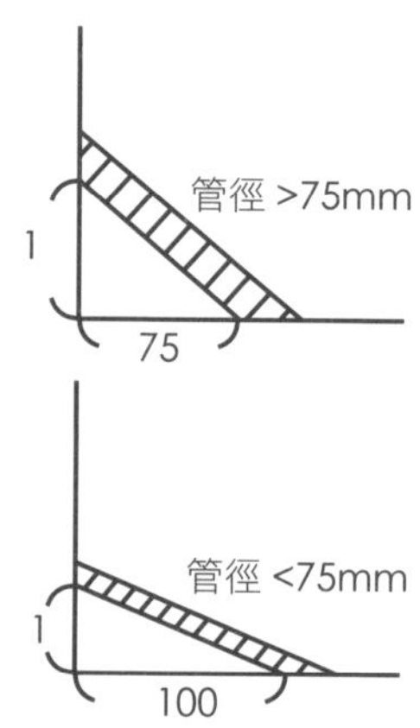

快速記憶法
Fast memory

也就是，管徑愈大，坡度必須愈斜。

廚房水路管線更多注意事項

1 排水管道與電線系統的距離

排水管道應與冰箱、冰櫃、洗手槽、洗碗機、電器櫃或蒸氣櫃等有關食品或飲料貯存或加工設備，保持 5 cm 以上距離。並且避免與電線系統在一起，若有必要，則必須間隔超過 10-15 cm 以上。

2 排水管道與熱水的距離

不可與安全閥、蒸氣管及溫度會超過攝氏 60 度的熱水管放置在一起，中間要距離超過 10-15 cm 左右以上

3 衛生的要求

排水系統應裝存水彎、清潔口、通氣管及截留器或分離器等衛生上必要的設計及設備。

4 飲用水需有獨立管道

飲用水管路不得與其他用途管路相連接，其放水口應與各種設備的溢水面保持適當間距，或裝置逆流防止器。

防水工法 2 廚房移至房屋中段、管線完成後 廚房和衛浴相同，皆需做三層防水＋全面纖維網

在廚房及衛浴空間裡鋪上水泥，並在廚房壁面及地面要做好防水層，至少要做三層。在防水層前，要「全面」鋪纖維網，不只轉角處。加強密度及韌性，避免地震裂開而破壞防水層。

5cm

在廚房壁面上防水層。

完工後的廚房樣貌。

基礎 vs. 一流防水工法比較

■ 基本作法	❶ 只做地面防水層。 ❷ 只在轉角處貼纖維網。
一流 POINT	❶ 地面、壁面全做。 ❷ 至少要做三層防水層，高度要到天花。 ❸ 有客戶在乎的，我會做到四層。 ❹ 舊屋的廚房排水口也會一併保留。 ❺ 鋪纖維網，兩片交疊處至少要 5 cm。

貼磚劑 VS 土膏

「土膏」是傳統貼磚黏合劑，人工調比例，師傅素質會影響正確性，為了貼磚穩定性與未來安全，我只採用日本進口貼磚劑。

日本進口貼磚劑（用水多的地方）

水泥砂漿 1：2

日本進口防水劑

纖維網

打粗底 1：3（砂：水泥）

處理要點 2

陽台機能規劃差 空氣沒對流

Deep Learning

原本的屋況是前面沒有陽台，而且近臨大馬路，屋主怕噪音及灰塵進來，使得窗戶長年呈現關閉狀態，然後加上後方陽台區放置廚房，使得原本空間的對流及採光極差。

我先將前面近窗的空間向內退縮，規劃出一間孩童房、前陽台和儲藏室，讓室內採光變得更為明亮。

至於後段，必須考慮樓上與樓下共同排水的順暢度，就不更動太多原始建築的給排水管路，透過規劃，將原本的衛浴改為二間，一間為公共衛浴，一間為主臥衛浴。同時，利用餐廳和進入公共衛浴之間的零星空間，規劃成洗衣間放置洗烘托設備，如日本兩進式的衛浴空間規劃，將洗衣與衛浴空間規劃在一起。

新陽台和新洗衣間的水路安排

退縮工法 1 牆面退縮創造出新的前陽台必須有排水功能

利用孩童房旁空間規劃一個新的前陽台，讓光源可以從這裡進入室內。

A 小孩房
B 前陽台
C 儲藏室

一流 POINT

必須注意加做排水管路，走戶外管。

排水工法 2 利用餐廳與公共衛浴之間做洗衣房設置獨立的洗衣供給排水系統

利用天井區走獨立排水管，如果不行的話，就要走公共衛浴的排水管，這時地板必須墊高，墊高最多是 20 cm，這要特別注意。

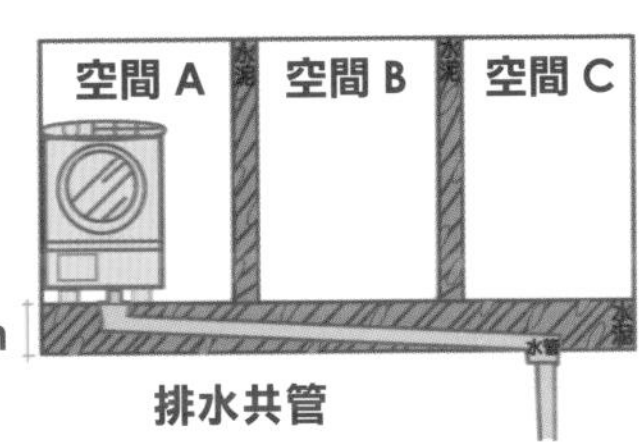

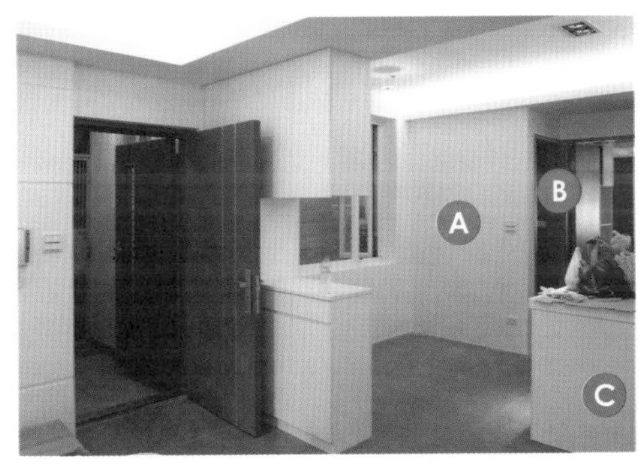

在餐廳牆後為客衛浴出入口，內藏一間洗衣區。

A 餐廳
B 客衛浴入口，內隱藏洗衣區域。
C 廚房位置

處理要點 3

衛浴只有一間不敷需求

Deep Learning

雖然原本的衛浴看似十分清潔，但考量屋主未來會居住超過 10 年以上，因此建議所有水路管線更換外，同時顧及孩子的出生，以及朋友來訪的需求，因此規劃上以兩間衛浴設備配給為最佳解決方案。

林良穗貼心叮嚀—— 管距不同，馬桶不能硬接

Professional Exhortation

施工的注意事項在於：

- 糞管管距：確認糞管（馬桶沖水口）離壁磚的間距是 30 還是 40 cm。
- 採購馬桶：一定要確認購買的馬桶管徑是否與糞管管徑符合。
- 若發現不同，一定要更換產品，不可現場改管硬裝置，未來一定會產生漏水問題。

一擴增為二　在原衛浴旁邊最保險

衛浴工法 1

規劃二間衛浴設備
公共衛浴間的給水、排水管線等細節規畫

增建浴室必須注意排水管（主、支）銜接角度，詳見（P73 一流工法）。

- A 淋浴間冷水管
- B 淋浴間熱水管
- C 糞管
- D 洗衣間排水
- E 門
- F 此為洗衣間
- G 淋浴間地排
- H 與第二間衛浴共用洗手台之冷熱水管及排水管
- I 水平線：預計地板水泥高度
- J 衛浴洩水管

封管工法 2

第二間衛浴間埋管工程
封掉舊排水管避免漏水

此為主臥衛浴的配管方式，其中因有舊有排水管，怕年久失修，未來有漏水問題，因此用蓋子封住且封實。

- A 免治馬桶配電
- B 馬桶供水
- C 熱水管
- D 糞管
- E 熱水管
- F 冷水管
- G 排水管
- H 舊有管道用蓋子塞住

鋪上水泥後
所有管線口都必須封好

Ⓐ 鏡箱配電

Ⓑ 洗手槽的配電

Ⓒ 預留衛浴開關

Ⓓ 在衛浴未完工前，排水管及糞管的都應封好，以免未來被水泥等掉落物堵住。

Ⓔ 洗水槽的冷熱水管及排水管，及淋浴設備的冷熱出水口。

Ⓐ 衛浴在貼磚前一定要做全室防水，尤其是壁面更要從地板做到天花。

Ⓑ 衛浴洩水坡度，由外至內要有 1~2 cm 落差

Ⓒ 設置止水門檻

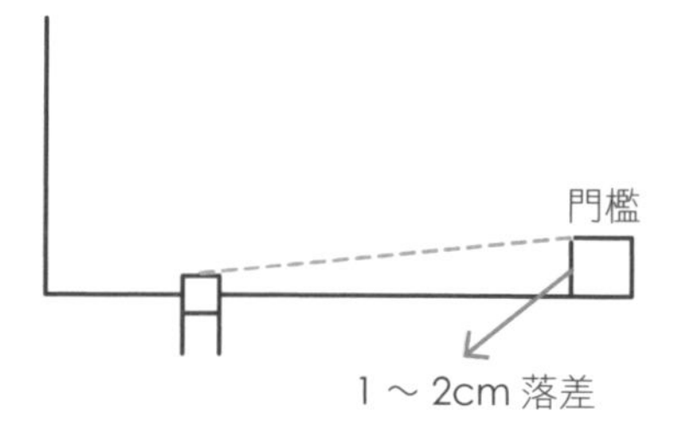

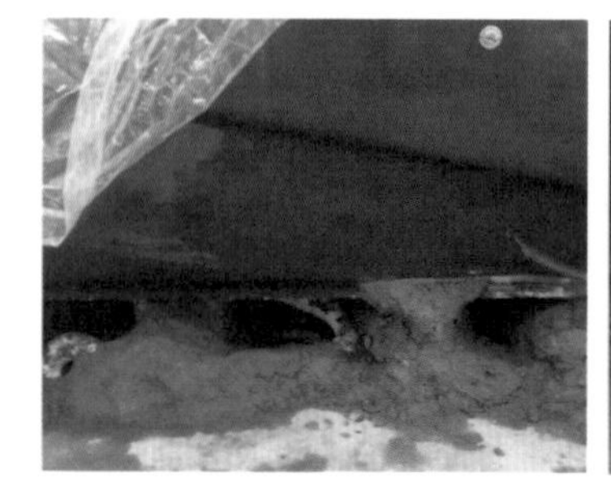

一流 POINT

浴缸排水管孔接好，要放水測試後再封管。步驟少做，日後浴缸容易從這兒漏水。

補充教材 水路工法第一課

known how 進水管起源：必須從水塔就開始思考

無論是新成屋或中古屋，所有水路管線應該要從建築物的水塔開始檢查起，如此一來才能確保你裝修房子的水路來源是正常水壓及管道，否則很容易發生驗收完後，卻有浴室共同用水不夠的情況，這時才發現，根本原因可能是原始水塔和水壓不足。

出問題時容易找到癥結 了解建築物水路 3 種管線設計

台灣建築物給水裝置及管路配置方式可分為**地面儲水設備、屋頂配管設備，大樓公寓間接用水住戶**等。

一般建築物從外部進入室內的路徑多半是先由自來水公司將水送至建築基地下方的蓄水池，在這之前會經過一樓或位在地下室的總水表。然後再透過抽水馬達傳送至頂樓水塔，再透過給水幹管經由各戶的給水閘門開關及水表，分別送至各戶用水，一般稱之為「間接用水住戶」，以提供住宅所有的用水來源，「直接用水住戶」指的就是獨棟或是集合連棟的透天別墅、農舍。

知道這個架構後，在施工或未來發生水管問題時，比較容易從這裡找到徵兆，並快速解決。

排水

兩者要互相作用，排水管才能發揮排水功能 排水系統與通氣系統大圖解

設計師最怕找不到原因的排水管堵塞，本圖是我經歷一場重大奇怪事件後，整理出來的「排水管與通氣管關係圖」。集合住宅有頂樓排水共管與室內排水共管兩個系統，頂樓排水通常連結各戶的陽台排水，室內排水則另走一個系統。有些早期建築蓋的太隨便，排水系統亂七八糟，遇到莫名其妙的排水管倒灌，還被屋主誤會，以下是我歸納看不到的原因：

❶ **少了一個系統：**建商偷工減料，只用一個系統把頂樓排水和室內排水連在一起，負載太重，就會出問題。這個部分可以調原始竣工圖搞清楚。

❷ **根本沒有連到戶外排水溝：**後期更新排水下水道系統時，住戶需要共同分擔拉管費用，有些住戶不願意拉管，只讓排水走進自家的化糞池。後來房子轉售，新屋主並不清楚，一旦大雨來了，當然會倒灌。這種情況，可以到工務局衛生下水道工程處調查資料，會顯示該棟樓是否放棄接外管，權責就會清楚。

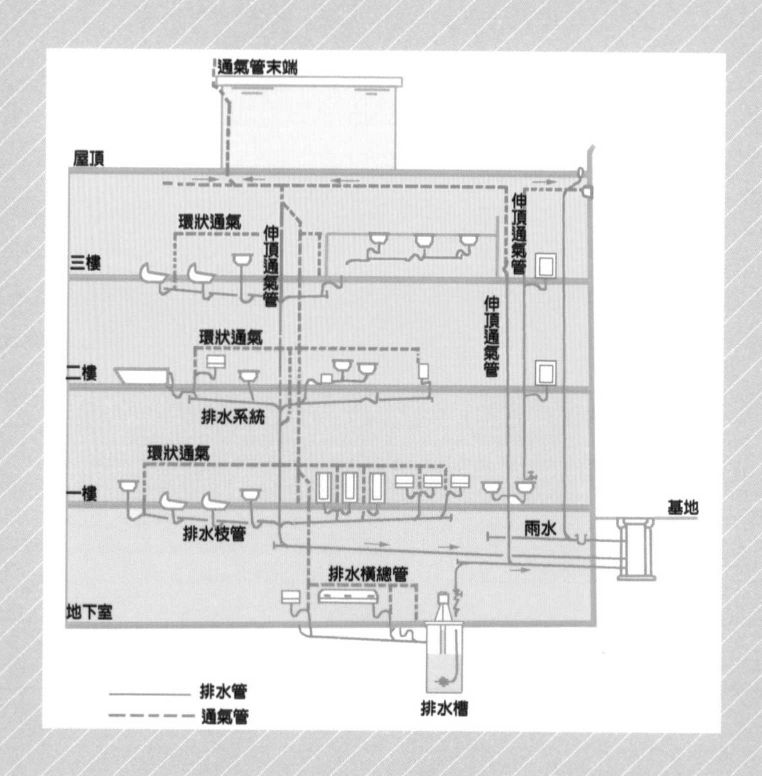

總開關

找到自家的水管總開關 水源關閉後才進行施工

找屋頂配管很簡單，只要到樓頂就會看到一排排大大小小給水管路，包含各戶給水水表及其閘門開關，以及頂樓加壓馬達。首先必須找到每戶進水的水表，才方便於水路施工時，協助師傅關閉水栓才能作業。現在建築物都會標註各戶水管，因此有經驗的水電師傅可以很快找到。

一流 POINT

但面對 20 ～ 30 年早期大樓的水表大都沒有註記，所以要進行下列 4 個步驟：

❶ 必須一個人在家內打開水龍頭放水。
❷ 另一個人在頂樓觀察搜尋，看看哪個三角紅色轉軸持續轉動。
❸ 用板手關閉表前球塞後，家內水龍頭水量慢慢變小，才能確定關對了。
❹ 這時趕快註記標明，才能在未來萬一有水管破裂、水龍頭斷裂或更換馬桶、浴室或廚房零件等等，就會比較省時省力。

頂樓水表：請先找到自家的水表。

萬一找不到家中水表開關怎麼辦？

如果真的有這種情況，建議可以試著找看看自家陽台或主臥室天花板內或浴缸下方，或許可以找到全戶關水的閥門，只是必須準備一支鋁梯才能作業。

補充教材 水路工法第二課

水管與銜接套件也會影響漏水

相較於電路管線的複雜，其實水路管路無論在管路的口徑、材質或是接管方式，算是比較單純的了。

排水管粗於進水管 進水管主要為四分管和六分管

排水管的講法又跟進水管有所不同，一般分為 DN25（1 寸管）、DN32（1 寸 2 管）等等。一般我們多用在廚房及衛浴排水管的 DN80（即 3 寸管），以及馬桶的 DN100（4 寸管），當然接管或分管時也要依其管徑大小去搭配，才不易產生問題。

型號	尺寸	大約外徑	型號	尺寸	大約外徑
DN25	1 寸管	34 mm	DN32	1 寸 2 管	42 mm
DN40	1 寸半管	48 mm	DN50	2 寸管	60 mm
DN65	2 寸半管	76 mm	DN80	3 寸管	89 mm
DN100*	4 寸管	114 mm	DN125	5 寸管	140 mm
DN200*	8 寸管	219 mm	DN250	10 寸管	273 mm

A 洗手槽排水口
B 3 寸管
C 3 寸管
D 3 寸接管
E 地排
F 糞管排水口
G 4 寸接管
H 4 寸管

材質

給排水管材質 不鏽鋼耐用、保溫層保溫、國家認證

管子的材料種類使用有別，冷水管都是用 PVC 塑膠管，熱水管用不鏽鋼管，俗稱「白鐵管」。想減少熱水的熱散逸，會在不鏽鋼管外加一層保溫層，又稱為「保溫管」。若早期老舊公寓其冷熱水管多採鐵管配置，經過長年的腐蝕，很容易發生裂管或爆管現象，建議最好全部改為不鏽鋼管較適合。

一流 POINT

在採購給排水管時，要注意管子上是否為有信譽的水管品牌，同時要有 CNS 國家認證的編號及符號，才是有保障的產品。

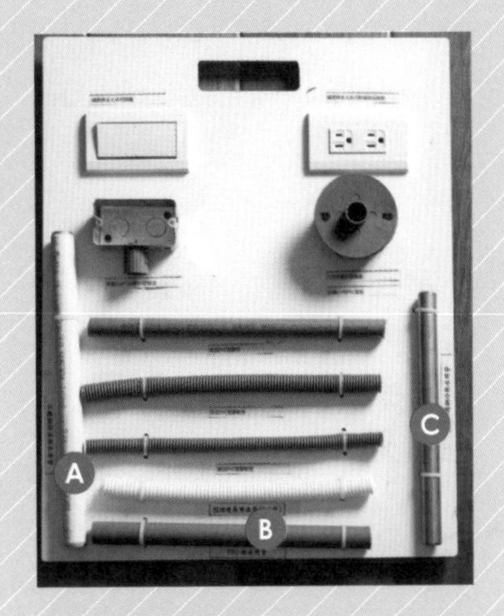

A 不鏽鋼保溫熱水用管
B PVC 給水用管
C 不鏽鋼冷熱水用管

小心！不可以把電路導管拿做水路管子

水電都是專業的基礎工程，因此設計師會委由合格的水電師傅去處理。但是有時仍會耳聞有水電師傅會把電路導管的 PVC 管充當水管使用，因為材質一樣，覺得一般人應該不會發現，但一開始使用，問題就來了。
因此設計師在監工時要注意：

❶ **看管子上的說明**，若是印有「W」則是自來水用管，若是「E」則是導電線用管。

❷ **若依管徑分**，則 A 管用於電器設備用管，B 管較 A 管厚，才適用於水管，中間差異一定要分清楚。

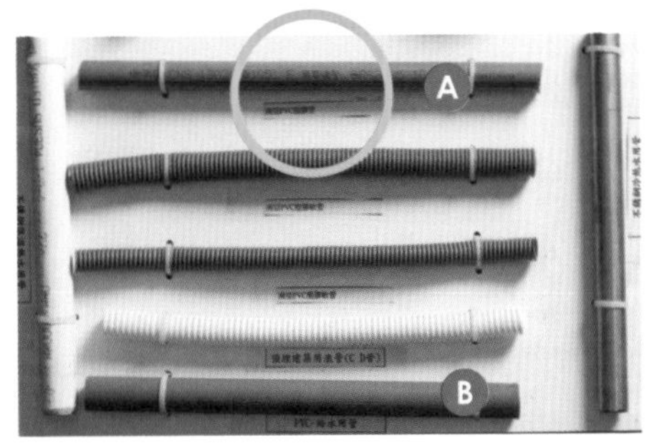

A 這是電路導管（E）
B 這才是水管（W）

補充教材 水路工法第三課

完工後必做：加壓放水測試

水管安裝完以後，一定要做加壓放水測試，確定給水排水正常，並看看有沒有哪個地方會漏水，這個步驟不能省，否則在後期要處理起來就麻煩多了。 確認沒有問題，才能進行後續工程。

給水

水管壓力測試：60 分鐘

根據國家法規要求給水水管的試驗壓力不得小於 10 kg/cm^2，或該管路通水後所承受最高水壓之一倍半，並應保持 60 分鐘而無滲漏現象，才算是為合格。

排水

水管壓力測試：60 分鐘

同時在排水及通氣管路完成後，也必須依規定做加水壓試驗，一樣要保持 60 分鐘而無滲漏現象為合格。

一流 POINT

水壓試驗得「分區」、「分段」最後「全部進行」

❶ 分區試驗時，應採用重疊試驗，使管路任一點均能受到 3.3 m 以上之水壓。

❷ 分段試驗時，應將該段內，除最高開口外，其他開口密封，並灌水使該段內管路最高接頭處有 3.3 m 以上之水壓。

❸ 全部試驗時，除最高開口外，應將所有開口密封，自最高開口灌水至滿溢為止。（從頂樓開始看水壓）

補充教材 水路工法第四課

管線走天花或地面有前提

管線的行進工程，又分為走天花及地板兩種，要依原本的建築物規劃而定。一般而言，20年以上的建築物多半走地板埋管的方式處理，而新建築物則多改為走天花的方式處理。

明管暗管

老屋建議從外牆拉明管進室內

傳統中古屋的管線多半埋入地面或牆壁，稱之為「暗管」，由於這類中古屋況因老舊，內部水路管線多已出現腐蝕情況，若樓層不高的公寓式房子，可以的話，我會建議最好從外牆拉明管進室內處理較佳。

一流 POINT 如果和鄰居是共用牆面，可以走 2 戶之間的分隔牆。

吊管

新建大樓管路走天花較多
減少更動結構體並避免樓下漏水

新建大樓的給水配管逐漸改成「打吊架」方式，也就是將水路管線，跟消防管線一樣走天花，就是避免漏水難修的情況發生；只有天花板內到水龍頭這段埋在牆裡，其他水平部分都是明管吊在頂板下，這種施作方式可以大幅減少敲打結構體，也可避免上下樓層漏水的糾紛。

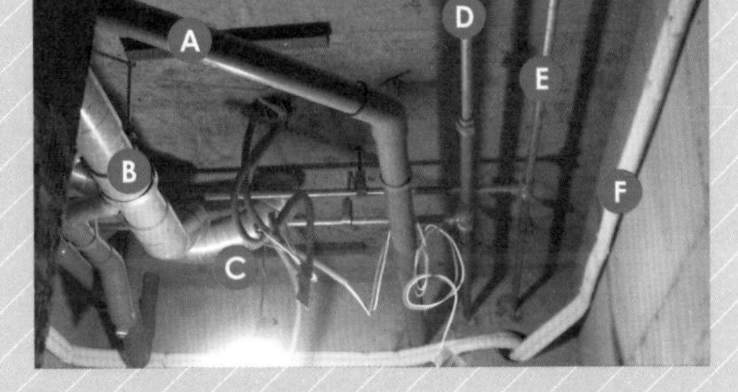

A 排水系統　B 糞管　C 預留排風管路系統　D 熱水管　E 冷水管　F 空調管路

一流 POINT

屋主若決定不拆除地板，我會走天花吊管。

補充教材 水路工法第五課

3 種水管銜接工法：膠接、車接或壓接

銜接工法也是水管施工的關鍵。一般來說，常見的熱水管銜接工法可分為壓接法與車牙法（即牙接），PVC 塑膠管則多採用膠合法，要依銜接管來處理，各式工法的密合效果皆不相同，在施工時也要注意。

膠接

PVC 塑膠管接 PVC 管，用膠接法
注意排水坡度並留意沾粘

PVC 塑膠管通常指的是冷水管、排水管、糞管等，同樣都是塑膠管是不會遇到壓接或牙接的工法，而是用膠接法，利用溶劑膠接水管跟彎頭，優點是施工快，不過要注意調整排水坡度，以及在水管交疊處要注意，別彼此沾黏住。

特別注意
Pay attention

水管銜接法要以原始材質為準。如果有些管沒有拆除，新管的銜接就要根據原始材質進行，不能更換，否則容易漏水風險。除非是從頂樓的幹管一路都更換新材料。

PVC 塑膠管就多用膠接法

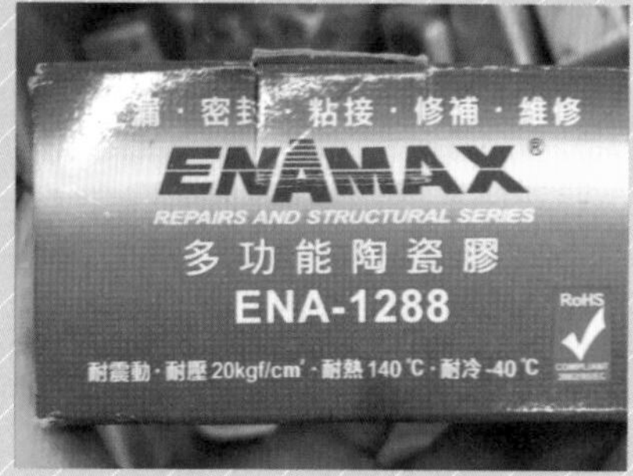

常用黏著劑

車牙

用車牙法的熱水管銜接處理 管子上車牙出螺紋，銜接處上 AB 膠旋緊

這是傳統的施作方法，一般會用在金屬管上，如銅管或不鏽鋼管等，主要施工法是將管子車牙出適當的螺紋，並在銜接處上 AB 膠旋緊，以防漏水。且螺紋的深度及長度應合於標準規定，管子接合後露出管外的螺紋數，不得超過三條。由於車牙工法要求的細節較多，且多為人力作業，費時耗力，費用也比較高。

壓接

用壓接法的熱水管銜接處理 使用壓接器處理金屬管路

主要是利用壓接器來壓接銅管或不鏽鋼管等金屬管路上。一般來說，要壓接的成功率，慎選機器是很重要的一環！壓接機分為三種，手動、半自動跟全自動。最棒的壓接器便是全自動，只要師傅壓接到適當位置，機器便會自動鬆開，避免壓接力道過小或太大的困擾，因此壓接失敗的機率相對比較低。

不管用上面哪一種銜管工法，重點還是施工要確實，才避免未來漏水問題發生。

補充教材 水路工法第六課

水管的施工流程 8 步驟

在住家的施工裝修中，當平面配置圖跟屋主確認後，一定要再出示一份給排水路工程圖，裡面要標示出口管的高度、預計裝設設備的位置及距離等，細節備妥後，才能開始施工。下列 8 個步驟都不能少，我堅持必須拍照留下紀錄：

給水

圖面規劃好所有細節再施工
一定要注意高度

1 畫線標示高度及位置 → 2 開槽 → 3 下料、管線預埋

4 調整並固定管路 → 5 檢查接口、配件是否安裝正確及密合 → 6 各彎頭和管件的位置及朝向是否正確

→ 7 加壓試驗 → 8 修補孔洞和暗槽，使其與牆面、地面保持一致

用「中」字標示冷熱水管出水位置。

開槽

要注意牆體結構及樓地板厚度 避開承重牆、樑柱、輕隔間

水路開槽布線時，千萬不可選擇承重牆或樑柱開槽，以免破壞結構體，另外像是輕隔間也不能埋管，否則容易出問題。而在地面開槽，更要小心不能破壞樓板，尤其是中古屋，因早期樓地板較淺薄，很容易鑿穿樓地板，若淨樓高超過 280 cm 以上，建議不妨可以架高地板鋪管，或走天花明管來處理較佳。

開槽裝設熱水管

一流 POINT　不拆磚，埋管走地面

管線只能走地排，但不想全拆地板時，可按照管線位置圖，局部裁切地磚埋管，再行水泥填補。

不動原始主水路

改造時盡量不更動建築體的原水路 更改給排水管會影響別戶

除非確定整體大樓或公寓結構的原始給排水管因年久失修，有爆管及腐蝕的可能性，建議最好在施工時，主要水路管線儘量保持不更動為佳，尤其是排水系統及糞管，因為一旦改變排水、下水位置，同時也會影響樓下鄰居的排水，嚴重時則會引起堵塞的問題。

布管

水管布線要求豎直最佳
「左熱右冷，上熱下冷最佳」，距離 10 cm 以上

一般水管布管其實與電路管線鋪設有很大的關係，一般來說：

❶ 給排水管儘量是走「豎直」的方式，未來在維修時也比較好推斷，並找出埋設牆面裡的水路管線維修。
❷ 若因其他因素使供水的水管要走橫向，記得水管之間成 90 度夾角。
❸ 冷熱水管間的距離一般在 10 ～ 15 cm 左右。
❹ 並按照「左熱右冷，上熱下冷」的規範鋪設，才能符合市售的水龍頭冷熱水出口設計。

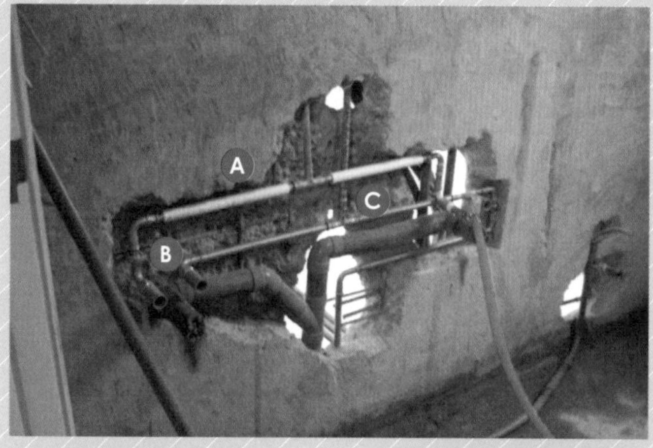

A 水管之間成 90 度夾角
B 出水孔一定是左熱右冷
C 橫平走向的給水系統

一流 POINT　與牆面邊緣平行

另外，無論是走「豎直」或是「橫平」，建議水管走向最好與牆面邊緣平行。而排水系統別忘了設計洩水坡度，讓水不易產生逆流或回堵現象。

補充教材 水路工法第七課

冷氣排水管路分兩工序處理

冷氣管線處理主要可概分成冷媒銅管和排水管路，一般來説空調排水部分會由水電工班設管，冷氣廠商負責冷媒管架設：

❶ 冷氣與水電工班師傅必須同時到現場會勘，同步確認管線走位。
❷ 冷氣工班先確定冷氣機擺設位置，放樣標記，再由水電設定排水位置。
❸ 空調排水建議往陽台或衛浴排洩，採就近處理法則，靠哪近就往哪排，減少管線拉過長，影響排水。

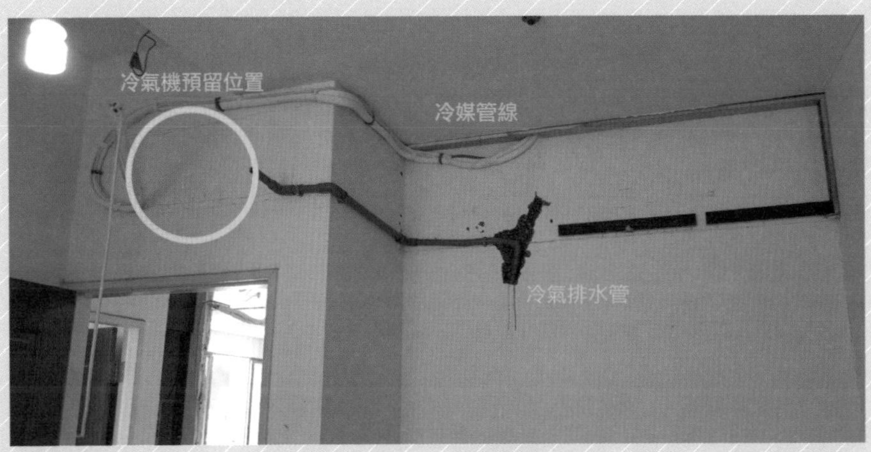

補充教材 水路工法第八課

 輕質隔間內水管更換法

這是在處理部分的新成屋，以及年限約 10 年左右的中古屋時，若遇到用輕隔間隔牆的衛浴空間時，常常會遇到的水裝置問題。輕隔間配管的正確工法：做輕隔間鋼結構→先封一邊板→配水管→外封板→打洞→輕質水泥，務必特別注意結構安全性。

砌牆

拆除牆面重新砌磚
居住安全性及防水性為優先

遇到老式輕隔間的問題，由於涉及安全性及防潮、防水性，為屋主永久居住考量，建議還是整面牆拆除用磚牆重砌，連同原本建築體的降板浴缸也一併拆除至裸露，並全室施作水泥上防水層後再貼磚。

完全看不出來馬桶後方為輕質隔間。

重砌

照傳統步驟重新安排管線 在實體牆面開槽布管後上防水層

由於本戶是採用第一代輕隔間作法，所以拆除時便發生整塊牆鑿穿了，我直接拆除，並在建築載重許可的情況下，重新砌紅磚牆。

輕隔間在施工中要更換管路時，貫穿隔壁整個牆面的狀況發生。

整個打掉，重新用磚牆砌牆，並上水泥做好防水層，才貼磚。

營造休閒風格的衛浴空間。

只要是新成屋，電的負荷量及安培數都已考量完善，只差如何規劃問題；但 15 ~ 20 年以上的中古屋，連電路的負荷量都不足，還有預留網路線與網路速度、總電量的承載安培數、單一迴路設計、插座數量的安排及位置考量等等，成為設計師在協助屋主規劃未來生活時，必須考量詳細的基礎設計。

電路設計原理

住家用基本電迴路區分為：照明迴路、插座迴路、專用插座迴路、冷氣專用迴路、電熱水器專用分路，不同的用電需求，就要有專用迴路配置。

❶ **迴路：**數量是以每個空間來獨立思考的。
❷ **插座數：**讓屋主 15 年內都不用買延長線的心情來規劃。
❸ **電線：**規格要正確，距離盡量短，不可以省穿管或接線，因為台灣地震多，搖晃幾下，牆內施工如果不佳，遲早會出事。

電路迴路設計的好，不但安全，光源充足，更重要的是「便利」。若是設計不良的話，光延長線一堆，像是居住在中國古代小說《西遊記》裡的蜘蛛絲「盤絲洞」裡不便利，甚至還有被絆倒的危機，用電量過度還會有引發跳電或電線走火的危險。

CHAPTER 3

電路

居家裝修時，第三項基礎工程就是電路的配置，它又分為提供能源的電力系統，如電視、電燈、電冰箱等，以及提供通訊的訊號系統，如電話及網路。

- 總電容量不夠
- 插座數量不夠
- 開關、插座位置不良
- 空調回風設計不當
- 沒有專屬機電櫃
- 迴路設計不足，頻頻跳電

現場分析

analysis CASE 03

總電量、插座不足 到處都是外接線

以電視櫃為核心引導動線、集中電器線路
空調換位置，生活變舒適了

設計策略

Design Strategy

- 建築結構：**70 坪，40 年以上 RC 結構華廈，分成 5 房 (4 房 1 娛樂室) 2 廳、 泡茶區**
- 機能增加：**增設陽台與洗衣房，每道牆都有插座**
- 基礎工程：**補強壁爐結構、加多迴路、空調重置**
- 安規建材：**大理石、防火磚、玻璃、鐵件、系統櫥櫃、木地板、拋光石英磚**

超過 40 年的老房子，屋況看似不錯，但先前是私人招待所，屬於商辦空間性質，現在要改變成住宅，電容量早不敷使用，許多插座出口設計也不對，導致生活使用上的不便。老屋的基本病徵：部分地板膨拱、格局不當，埋的水管是舊有鐵管，容易產生腐蝕破管漏水問題，這間擁有台灣早期少見的鑄鐵壁爐、檜木地板、雕花天花、實木櫥櫃等設計的華廈老屋，同樣也逃不掉老房裝修危機。

而新任屋主提出願望清單，希望空間要時尚大器，70 坪格局更要切出多個機能空間，5 房 2 廳外加一個泡茶區。對設計來說，最要緊同時也是最難又複雜的用電安排，和讓每個空間都有充足採光及良好通風，是該案改裝成敗關鍵。

在保留鑄鐵壁爐結構體之下，評估全新用電計畫，讓壁爐和電視牆櫃扮演格局雙核心角色，設計出帶有鄉村風的現代混搭風格宅。

搶救 → 每個空間至少 4 組插座，減少用延長線機率

搶救 → 電視牆當弱電路整合區，增加總電器櫃，電路集中更安全便利

搶救 → 原空調位置無法回風，挪地點讓冷氣不怕不夠冷

1 — 大理石電視牆即是弱電路整合區，所有電器及電路設備整合在牆內，同時更是場域界定，打破傳統，將超大液晶電視嵌入大理石牆面，一伸直延至主臥及孩童房，成為空間動線的引導。

2 — 各個房間的開關與插座數，需參考使用者慣性手勢和習慣，位在電視牆後方開的放式廚房與餐廳，僅用夾紗玻璃拉門和客廳有所區隔，而冰箱旁是整合的電器櫃，它的背後正是藏有各電路的電視牆。

Before
改造前

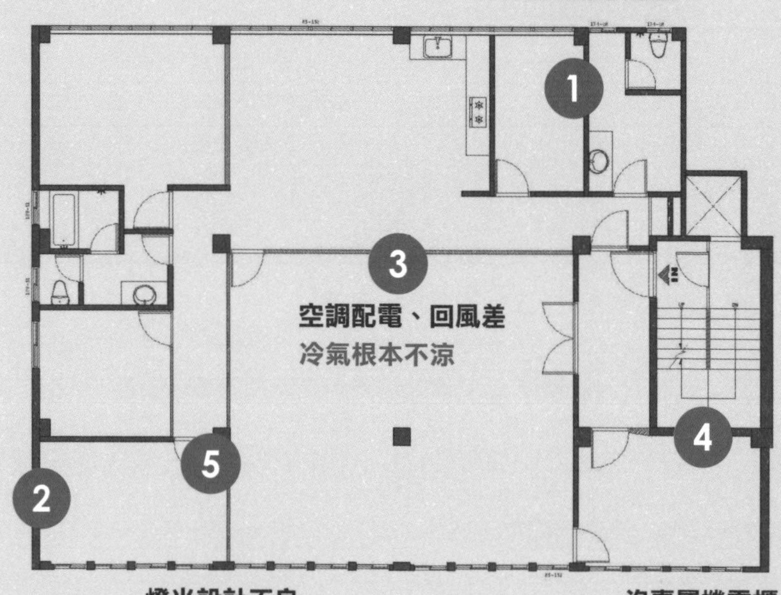

After
改造後

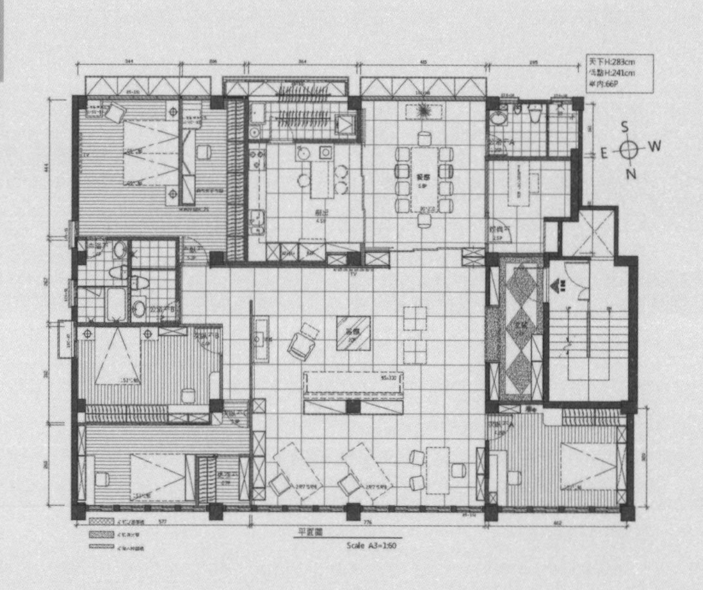

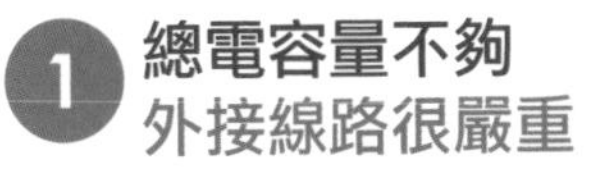

1 總電容量不夠 外接線路很嚴重

→ 配電箱重整理，根據使用習慣和未來規劃，擴充總電容量安培數，符合現代住家用電需求。

2 插座開關數少 位置糟糕很難用

→ 一面牆至少一個插座，單一空間至少配有 4 組，更動原本在門後方、不利於使用的插座位置。

3 空調配電、回風差 冷氣根本不涼

→ 獨立配置專屬迴路，設備管線建議使用日系冷媒銅管，同時考慮循環出風，讓設備發揮事半功倍效果。

4 沒專屬機電櫃 日後維修較麻煩

→ 電視牆規劃成弱電路整合區，將所有電路設備整合一起，包含網路光纖、電話線路在內，而電視牆後側緊連餐廚房，可配合設計電器櫃，擺放家電用品。

5 燈光設計不良 室內採光昏暗

→ 根據室內自然採光條件，以及使用需求，評估照明燈具位置和數量，調整燈具配線，增加需要的迴路。

處理要點 1

總電容量不夠 外接線路很嚴重

Deep Learning

現代家用電都在 AC110 /50A（指 110 伏特 /50 安培數）的容量，很不巧的是這間房子因之前為商辦使用，才只有 20A（安培），無法滿足 5 房 3 廳 3 衛，還有廚房家電設備的需求等等。

老舊房子的線材多半使用 1.6mm 以下，我會將全屋更換為 2.0mm 以上，才不會因為家中用電功率過大，導致線材無法負荷而產生過熱走火。

電路設計前，設計師再怎麼內行，還是必須找擁有電匠證照與室內配線技術士證照的水電工程人員，確實查看一下房子原本的總瓦數，並將室內用電量從原本的 20A（安培）拉到足夠的電容量。

初驗 5 種現象，為了居住安全，一定要全屋換電線

建議年輕設計師在檢視屋主房子時，看到下列 5 種狀況，一定強烈建議更換家中電線。

1 屋齡
超過10年以上，而且未更換過電線。

2 插座
表面有焦黑痕跡，或是插座底座鬆動易滑落。

3 電線
從插座抽拉裡面的電線，或是用肉眼可視的所有電線，有的皮已剝開，或是裡面銅線呈現焦黑狀，非亮晶晶的油銅色。

4 廚房
廚房插座未設迴路，尤其是用電量大的家電共用同一迴路，例如電鍋、微波爐、烤箱、冰箱、烘碗機及洗碗機等等。

5 斷路器
浴室及廚房插座的迴路電源未裝設漏電斷路器。

配電箱重新盤整

初驗工法

電路初驗的正確 4 步驟 確認總安培數

配電箱的全名叫「匯流排配電箱」。而在重新盤整家中的配電箱之前，專業的設計師及合格的水電師傅會先做的事，就是：

1 查詢	2 看變電箱	3 安全電量	4 迴路安裝
該戶的電表表號，打電話到台電詢問，了解它當初申請的最大供電量。	其次是打開家裡的變電箱，計算無熔絲開關（NFB）的耐電流。	加一加就可以算出安全用量。	並且思考室內配線迴路的安裝，要盡量避免集中到同一個無熔絲開關。

以 30 坪的房子大約拉到 50A 是足夠的，但由於這間老屋光單一層坪數約 70 坪，再加上樓上還有早期的頂樓加蓋，因此依需求分兩個配電箱：

❶ 110V — 75A　❷ 220V — 150A

早期電表到配電箱的電線保護管通常配得太小，所以這段也要檢視一下，查詢是否配明管或再埋設加大暗管以徹底更新。

如何跟台灣電力公司申請加大電壓

以配電箱來界定工作權則範圍，電表前的線路由電力公司負責，電表後的管線由住戶自行負責。早期電表到配電箱總開關之間的線路可能只有 8mm 平方，但現在用電量大增，至少需改用 17 ～ 24 mm 平方。

線徑大小的評定依電表後使用電器的多寡決定，所以更換管線前，一定先列出用電清單，再由設計師委託合格的水電人員做判定。

向台電的申請加大用電是有限制，一般民眾無法自己申請的，因為台灣電力公司規定要由合格電氣承裝業者施工及檢驗，申請時要圖審，最後要報竣工，合格電氣承裝業會請你配合並準備好相關用品，至於申請費用會因每個縣市而有所不同。

圖解配電箱，快速看懂家中配電

初驗工法　規劃用電分配，要留備用電源

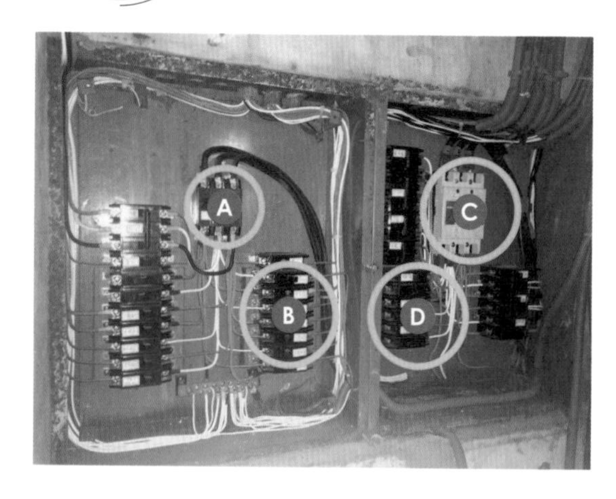

為安全及管理便利起見，兩個配電箱分別為 AC110V/75A 及 AC220V/150A。

A 單相三線式 110V/50A 漏電電路斷路器總開關

B 單聯無熔絲開關（1P）：主要供應家中的電燈、插座等等。

C 單相三線式 220V/150A 漏電電路斷路器總開關

D 雙聯無熔絲開關（2P）：主要供應 220V 的家電產品

一般人又怎麼知道家裡的用電量夠不夠呢？其實看配電箱（一般稱之為「總開關箱」）的配置，就可以知道。

以台灣住宅來說，多數的用電系統是以單相三線式 110V/220V 來使用。箱子裏一顆黑黑的有雙聯（2P）及單聯（1P）的東西就叫做「無熔絲開關（NFB）」。而雙聯（2P）及單聯（1P）的分別就是 220V 及 110V 的用途！ 2P 無熔絲開關主要供應冷氣機、電熱水爐及需要 220V 的家電產品，1P 無熔絲開關主要供應家中的電燈、插座等等。

另外，建議在設計規劃空間的用電分配時，照明及插座最好分兩路以上，以免一迴路發生跳電時，另一迴路還能供電。還有更新家中的配電箱時，建議最好預留 1 至 2 個備用電源，因為將來的電器用品只會增加不會減少。也要留出口，一個在天花板、一個在牆壁，方便未來擴充或維修。

一流 POINT　檢查每個用電出口的銅線線徑，以及牆壁插座的品質及數量

這部分最好提醒有經驗的水電師傅檢查一下，單一插座雖未超出無熔絲開關的電流上限，但是仍有燒毀的可能性，所以最好妥善規劃。

110V 的配電箱分配，多以單聯無熔絲開關為主，主要供應家中的電燈、插座等等。

A 各個空間的電燈各自獨立迴路。

B 將高功率電器設計獨立迴路，如洗碗機、冰箱、電器櫃、烤箱……等。

C 將樓上頂加空間、客廳、廚房、餐廳及房間的插座也各自獨立一迴路。

D 中島與洗衣機設計在同一迴路上。

220V 的配電箱分配說明，主要供應冷氣機、電熱水爐及需要 220V 的家電產品。

A 電陶爐用電量大，也另外設獨立迴路。

B 各個空間的空調設備，客廳及餐廚空間因坪數較大，使用的冷氣空調噸數較高，需規劃獨立迴路，其他空間則每二台冷氣規劃在同一迴路上。

C 衛浴間的暖風機也各自獨立一迴路。

D 電熱水器獨立一迴路。

特別注意
Pay attention

為何配電箱的總開關寫的是「**75A**」，但把所有下面小的開關安培數加總起來都超過，是怎麼配電及計算呢？關於這部分有計算公式，屬於電力公司及水電師傅的專業，建議還是交由專業水電師傅去處理，設計師及屋主別傷腦筋。

電路出口設計

空間中的配電規劃
弱電圖標示位置與高度

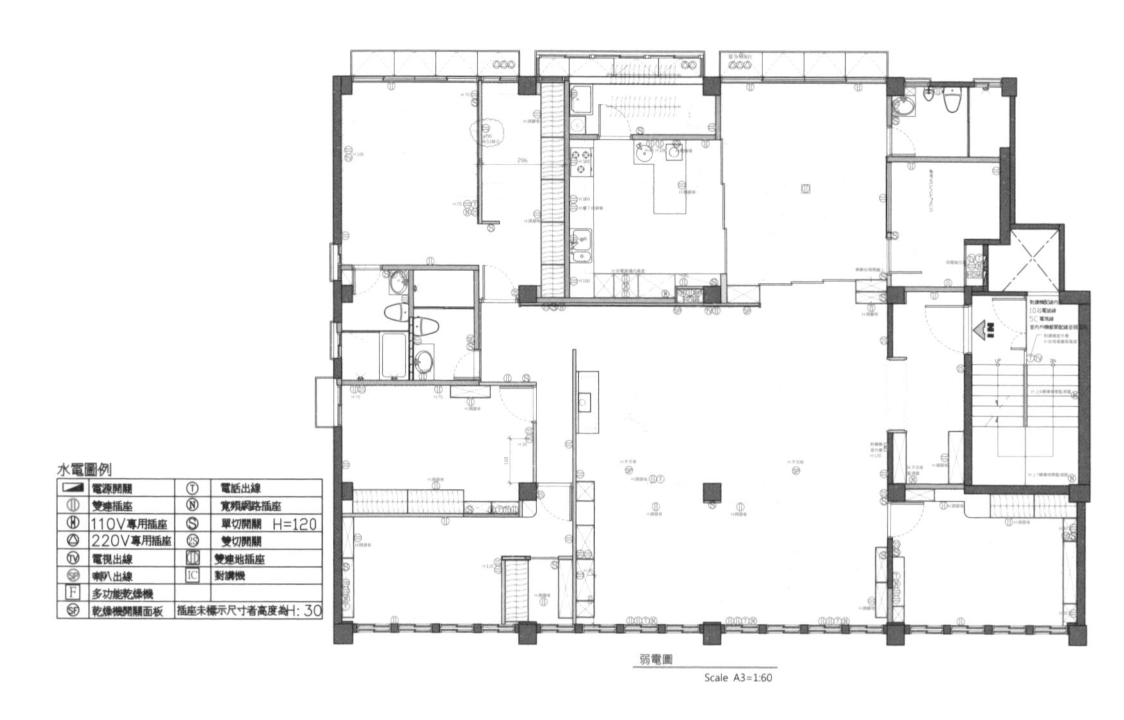

解決配電及迴路問題，接下來就要針對屋主的使用習慣，將所有的室內配電出口規劃好，而這張設計圖又稱之為「弱電圖」。

但在看懂「弱電圖」之前，先來了解什麼是強電及弱電。就一般家用電力的強弱電力區分，其實是對相性的；簡單來說，強電與弱電是以電壓分界的：

❶ **強電**：工作電壓在交流 220V 以上為強電，例如家用電器中的空調設備、電冰箱、電熱水器、暖風機、電視機、音響設備（輸入端）等電器均是。

❷ **弱電**：工作電壓在 220V 以下為弱電，例如家庭中的電燈、插座等，電壓在 110 ～ 220V。另外，能傳輸訊息的也是弱電，如網路線、訊號線等等。

因此，從這張弱電圖面上可以看到關於空間裡的配電規劃，包括：

❶ 電源開關、插座 Ⓢ Ⓘ
❷ 單／雙切開關 Ⓢ Ⓢ2
❸ 110V ／ 220V 的專用插座 Ⓘ Ⓐ
❹ 電視及喇叭出線 Ⓣⓥ Ⓞ
❺ 多功能乾燥機 Ⓕ
❻ 乾燥機開關面板 ⒻⓈ
❼ 對講機及電話出線 ⒾⒸ Ⓣ
❽ 寬頻網路插座 Ⓝ
❾ HDMI 出線 ⒽⒹ

一流 POINT

❶ 有標示特別高度的，會寫在 Ⓘ 旁邊。
❷ 插座未標示尺寸者，高度抓離地面約 30 cm，開關面板則抓約離地面 120 cm 左右，好讓視覺一致。

特別注意
Pay attention

該案家用電力都在國家規定的安全電壓等級直流電壓 36V 以內，所以除了施工較為複雜的空調及照明設備外，關於家中通訊及電器設備的配電位置圖，都設計在「弱電圖」裡，以方便施工。

一般人如何 DIY 算自家總電量？

想要自己估算家中的耗電量，以便核算台電的電費，有三種方法。

方法 1 ／觀查電表法

首先全部關掉，記下電表度數，然後電器全部打開，運轉 30 分鐘到 1 小時，再看度數，這樣可以計算出來。

方法 2 ／粗估法

找一條可容納 30A 的粗電線作一插座，後端看要接小電表還是勾式電流計，一一量各電器耗電量，計算總合。

這個必須擁有乙級或甲級的電匠執照，或是有電機常識並本身愛玩電力學的人。

方法 3 ／智慧電表法

現在坊間有出可以測電流量計算電表及電費的智慧插座，將它接在耗電的電視櫃、電熱水器等插座上，再用手機去下載「智慧電表監看 APP」，就可以查看自己家電的耗電行為，進而調整用電習慣，達到省電費目的，如 AIPlug、D-Link，費用大約 1500 元上下。而且這個智慧插座及附屬的 APP 還可以「遠端遙控」家中家電開關。

處理要點 2

插座開關數少 位置糟糕很難用

Deep Learning

這是設計者最常遇到的問題，插座、開關隨便放置，想省錢的，一個空間才設計一組雙連插座（即一個插座面板有兩個插座），或是憑「感覺」在一個空間安裝兩組雙連插座，卻不去思考使用者的生活習慣，等到交屋驗收後，屋主住不到一個月會發現插座不夠，只好自行增加延長線或插頭，不但增加家中用電危險，也破壞原本設計空間的美觀。

另外，開關設計也必須思考動線的便利性，像本案未施工前，就發現以前屋主把開關設計在門後，造成使用不便。因此在更新設計時，會考量使用者的習慣，將開關安置在隨手可以使用處。

完全沒插座

插座在門後方

插座與開關設計方式

計算工法

一個牆面至少一個插座
一個房間至少備有四組插座

早期以坪數大小來評估插座數的方法已不適用了，我認為每面牆壁至少要有一個插座，而且出口至少雙插座（即一個面板二組插座），才能符合實際需求。不過，再怎麼推算，最好還是跟屋主詳細溝通使用習慣，再規劃插座數量。

舉例說明，像以往約 1 坪左右的衛浴空間只安排一個在洗手槽枱的防水插座，以方便安裝除霧鏡面及吹風機，但現在屋主會增設免治馬桶，甚至希望坐在馬桶上也可以為手機或行動載具充電，因此光衛浴就必須規劃二組雙插座。更別提電器使用多的地方，如客廳及餐廳、廚房等等，且安裝的高度及位置也要細細考量。

一流 POINT 插座理想位置

❶ 書桌的插座最好裝在書桌面上，或是與書桌同高的壁面，免得家具擺上去，卻因書桌燈的電源線往下走，而無法靠緊牆壁。

❷ 餐廳一般使用壁插，若空間大、又設有中島時，就要安排地插。

❸ 在確定所有插座數量後，最好再設置一些備用插座。因為在資訊時代爆炸的今日，多預留插座總比最後不夠用延長線解決美觀的多。

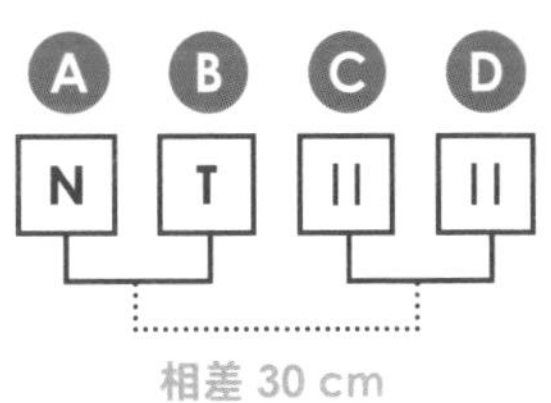

Ⓐ 左為訊號線，右為弱電線，彼此之間至少要相差 30 cm，以免彼此干擾。

Ⓑ 電話出線

Ⓒ 寬頻網路插座

Ⓓ 二組插座

A 由左至右的管線安排分別為：
❶ 熱水管
❷ 冷水管
❸ 110V 電線
❹ 220V 電線

B 預留出線孔

C 預留出線孔

D 預留出線孔

特別注意
Pay attention

水路應與電路距離達 50 ～ 100 cm 以上。而電線管路施工時切記「走豎不走橫」，指的是要開槽埋管路時，一定要開豎槽，少開橫槽，避免破壞牆體的承重結構。

現在已有廠商開發新的防水插座，取代以往用塑膠蓋的防水插座。

一現代家庭各個空間的用電明細

空間型態	所需電器明細	
	需固定式家電的插座	非固定式家電的插座
玄關	照明開關、鞋櫃除濕棒及內部照明、室內對講機、監視系統等	備用插座 1 組
客廳	電視、DVD、音響、空調、電話、有線電視、機上盒、路由器、照明、投影機等視聽設備、消防感應器、感應式窗簾等	活動式燈具、電風扇、除濕機
餐廳	照明、空調、電視、空調等	餐桌下插座（接筆記型電腦或行動載具使用）、熱水瓶、電風扇
廚房	電冰箱、抽油煙機、微波爐、電鍋、烤箱、烘碗機、淨水器、照明、空調等	電磁爐、果汁機、其他小家電（如咖啡機、鬆餅機）等等，考慮未來廚房可能增加的設備，可再擴充大約 1～2 組插座
書房	電腦主機、顯示器、照明、空調、乾燥箱等	檯燈、收音機、充電設備、電風扇、其他小電器等
臥室	床頭燈、空調、有線電視、照明、除濕棒等	除濕機、活動式燈具、手機或其他行動載具充電、電風扇、電腦設備或筆記型電腦等
衛浴	四合一暖風機（或排風機）、免治馬桶、除濕鏡台、照明、感應器面板	吹風機、充電式刮鬍刀等
工作陽台	照明、電熱水器、洗衣機、電動昇降機、烘衣機、空調室外機	備用插座 1 組

用電出孔位置要對應「人」

開關位置的合理性與方便性
高度不是標準，而是和居住者有關

❶ **電源開關高度：**最好距離地面在 120 cm 左右高度，大約是在成人肩膀以下，至腰的高度以上，都可以安裝，但要注意全都安裝在同一高度。

❷ **特殊高度：**若家中有坐輪椅的老人或小孩，其居住的空間如臥室或遊戲間，建議可以設計較低一點。

❸ **整合：**儘量將家中開關集中處理，做併排設計，或整合在一個面板多位開關。

❹ **左右對應：**並將開關位置相對應要控制的電器或燈具位置，例如最左邊的開關控制相對最左邊的電器等等。

❺ **感應系統：**裝有感應系統的電器，例如浴室裡的多合一乾燥機、蒸氣室、免治馬桶，及廚房的淨水器、烤箱、電鍋等，一定要注意安裝位置和操控方便性，如果蒸氣機的控制面板裝在室外，每次使用都要跑到浴室外，就相當不方便，這些都是在設置出孔時須留意的魔鬼小細節。

一流 POINT

開關對應燈具排列法

安排開關順序時，一定要有邏輯性，讓屋主很快適應：

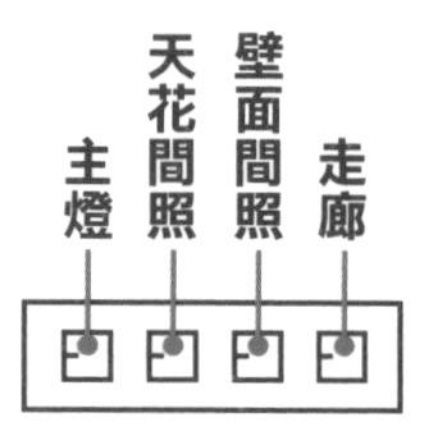

燈具順序	由重要的→次要的
開關順序	由左→右

Ⓐ 玄關及客廳的多位開關整合
Ⓑ 泡茶區照明開關及對講機線路預留
Ⓒ 插座

電路施工完要做通電測試

測試工法

用專業儀器測試無誤，再封水泥也算分段驗收的一種

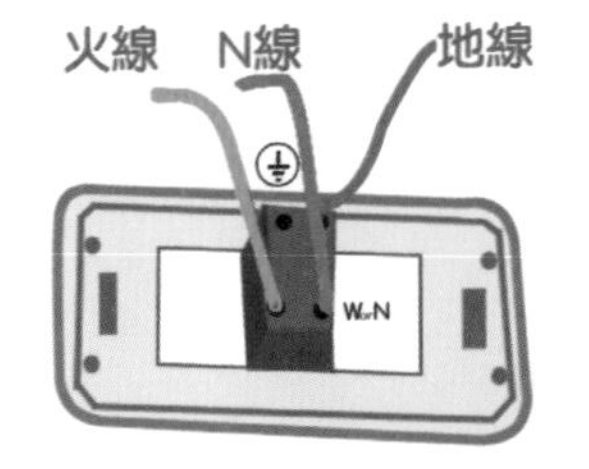

裝完屋內的電線後，坊間都採信任制，師傅説ＯＫ，表示全屋的電力系統都沒問題。但我卻會做通電測試，以保障消費者權利及安全。因為電力工程屬基礎的埋入式工程，先開牆布線後，又上了水泥及釘上木板，萬一未來有問題就必須再次拆除，大動工程。

一流 POINT 要求水電師傅用專業的儀器做通電測試

❶ 分段測試不能省略

❷ 為安全起見，我會要求裝三孔式的插座，即有接地線孔的插座。

師傅分別對開關及插座出口做通電測試。

三色三孔式線為插座，接地作用線路較安全

■ **插座配線**	紅色 — 火線	藍色 — 零線	綠色或黃綠相間 — 接地線
■ **插座配線**	紅色 — 相線	藍色 — 零線	黃色 — 迴路線

這是因為這種圓頭的中性線，有接地的作用，主要是保護人避免觸電。像是電腦的插孔或是金屬電器等，通常都需要接地以保護使用者，220V 通常更需要接地，因此會看到有三個插孔。

至於開關面板，會建議有夜燈設計的較佳，方便在黑暗中，快速尋找到室內的開關位置。

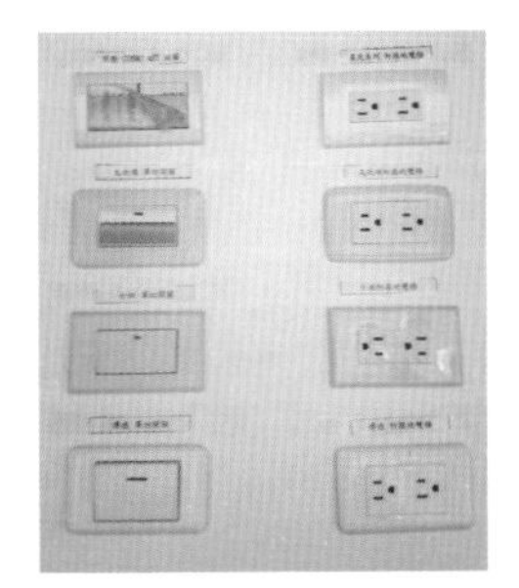

處理要點 3

空調配電、回風差 冷氣根本不涼

Deep Learning

關於空調，又是一項專門的技術了。由於空調的價位差異大，因此往往在規劃室內裝修時會另計。對設計師而言，除了瞭解各個空間所需的空調設備為何，並建議屋主自行採購外，在配電的分工上，設計師應就空間及屋主的需求協調水電師傅在安排配電箱時，預留空調系統所需的配電。

其中的工作分配是：

❶ **由配電箱至各室外空調設備的配電線：**由水電師傅負責牽線，並各別設置電源開關器。

❷ **至於室內空調設備的電源：**則由空調承包商負責，提供至各室內機旁以施作。

空調安裝注意

銅管
工法

日本產品安裝 SOP & 透明化空調配件
其他廠商配件表面披覆材質緊密度不一

空調因為電壓高、電流大、功率大，因此多採獨立迴路 3.5 mm 以上的實心單芯線，以確定所使用的電壓電源穩定，同時應採用運轉電流容量 1.5 倍以上無熔線開關，才安全。

一流 POINT 空調的冷媒銅管，建議一定要採用 R410 同級品冷媒銅管

以我的經驗，一定用大金等經日本認證等級，其他雜牌的銅管品質就難以保證。而且日系空調設備，都有一定的安裝 SOP 及要求，雖然價格可能高 10%以上，但是最起碼所有的空調配件在現場看得到、且摸得到。

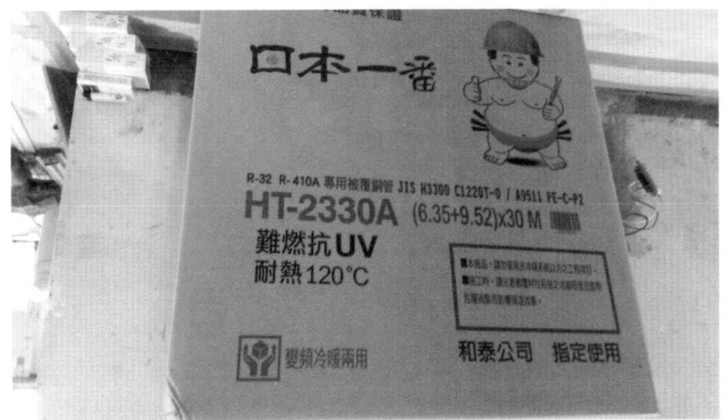

採用日系 R410 同級品被覆冷媒銅管較有保障。

冷氣出風與迴風設計

高度工法

安裝高度 170 ~ 250 cm 為佳才能形成循環

冷氣出風口不宜從人的正面或頭上吹，最好在空間裡形成循環（冷空氣下降，熱空氣上升），同時冷氣出口不可有障礙物（例如造型板），以保持較佳的冷房效果。吊隱式冷氣出風口建議下吹或側吹，壁掛式則傾向側吹處理。

一流 POINT

❶ 因此室內機安裝高度自地面算起 170 ～ 250 cm 公分最為適當。

❷ 選擇兩牆距離達 1.5 m 以上的牆面安裝。

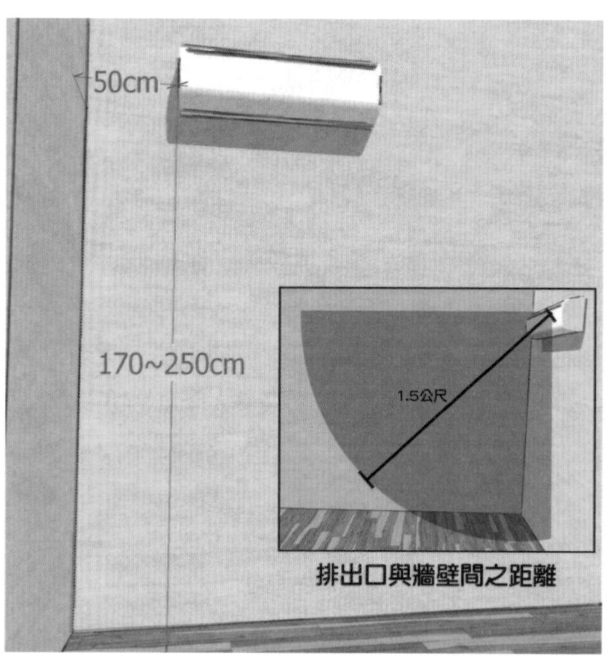

出風迴風口被擋住，空調不冷。

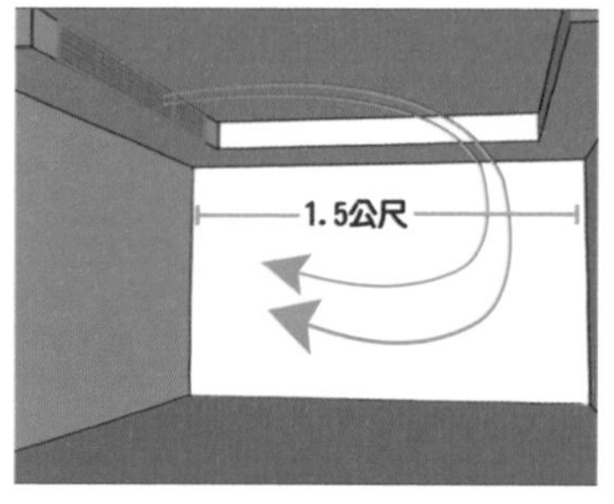

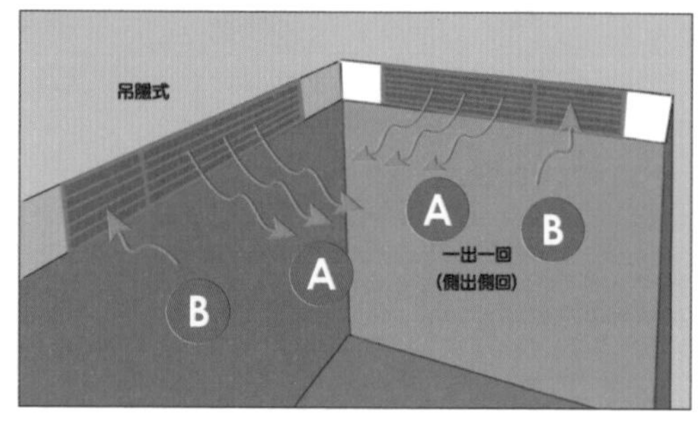

A 出風
B 迴風

安裝工法

❶ **機體要傾斜：**機體要稍微傾斜 3 至 5 度，以利排水

❷ **迴風口：**通常冷氣機室內側迴風吸入口與牆壁保持 50 cm 以上，以提高冷氣機效率。

❸ **排出口：**為避免吹出的熱風再被吸入，排出口與牆壁間之距離應較充裕，必須有 1.5 m 以上。

❹ **室外排出口：**且室外熱氣排出口在 50 cm 以內應避免有阻礙物。

❺ **壁掛式空調建議：**離天花要有 6 cm 以上，機體離安裝牆壁要有 40 cm。

❻ **室外機體：**至於室外機的機體後面至少留 30 cm 距離。

空調配銅管工法要注意的細節也頗多。

室外機安裝的機體

❶ 後面至少留 30 cm 距離，

❷ 若安裝在外牆，必須做安全且合理的不鏽鋼架支撐。

❸ 通風處不要有任何阻擋物。

處理要點 4

沒專屬機電櫃 日後維修較麻煩

Deep Learning

以往家中電器是需要才買，因此東一台，西一台， 線路並沒有整合，導致看起來十分零亂，也不方便管理或維護。

設計專屬機電室或集線櫃

整合工法

電器設備的機體或線路整合最重要，維修才方便

沒有足夠空間，則可以跟電視櫃整合。像本案就利用位在餐廳後方的琴室，將配電箱及所有機電設備，包括 HDMI、網路寬頻訊號設備、電話線全部整合。

一流 POINT 獨立機電房

如果空間足夠，我會規劃一間機電室，將所有電器設備的機體或線路整合，未來方便維修。

整合配電箱 + 機電設備的機電櫃

應用工法

機電櫃與電視櫃整合學集線箱的觀念

新房子多半都有配電箱。中古屋受限於配電箱不能隨意更動，因此我也會保留原來配電箱的位置，如在入口處，則用玄關櫃包覆隱藏，或在設計電視櫃時，運用集線箱的方式，將所有機電設備線路整合在電視櫃內，便於維修管理。

配電箱

集線盒（或接線盒）

處理要點 5

燈光設計不良 室內採光昏暗

Deep Learning

採光照明好不好，跟安裝燈具的數量及瓦數有關係，跟配電流量沒有關係。因為燈具及燈炮都有一定的瓦數，即使配再大的電流量，該燈具也不會變得更亮，直接換燈炮比較實在。

充足的照明會讓整個空間看起來更為明亮，其中必須考量坪數、屋高以及自然採光條件，衡量所需的燈光照度是否充足。而常見於室內的燈具類型有嵌燈、吊燈、吸頂燈、壁燈等等，因此要從屋主的使用需求出發，再依據燈具設置的位置、數量，以及想要呈現的照度，才是燈光設計的重點。

繪製燈具配線圖＋平面配置圖

對照工法

了解燈具、開關配置相對位置 兩張圖要對照看

燈具配線圖最好與開關、插座的弱電圖裡的出口及開關位置一起對照著看，會比較清楚彼此之間的關係。而燈具配線圖的用意：

❶ 標示燈具配置位置。

❷ 可透過弧線串連空間裡與空間關係，例如：燈不可以照到床上，餐桌燈是否居中等。在此時再次確定控制燈具的開關相對位置及迴路，例如是單切開關或是雙切開關。

管線材料：天花、水泥牆皆用硬管

穿管工法

穿管注意事項 同一迴路應穿入同一管內

燈光照明的用電及配線要注意的事項，根據「電工法」規定，包括：

❶ **一根到底：**同一迴路電線儘量減少纏接，以一條線到底為佳，避免未來發生漏電或走火的危險。

❷ **管內電線數：**同一迴路電線應穿入同一根管內，但管內總根數不應超過 8 根。

❸ **軟管與硬管：**電線走在水泥牆或地板中，一定最好鑿槽搭配 PVC 硬管，若管線預計要走在木作牆內或天花板內包覆，可以選用 CD 管軟管，但是，我選擇高於電工法的標準，用 CD 硬管。

一流 POINT 照明切換開關

在迴路及開關配置上，也要預先設想是否分配成間接照明與主要照明的切換。

特別注意 Pay attention

如有必要應以尺寸標明燈具配置位置，以及搭配的高度，但不需標示如電源、導線數、線徑等，以免造成施工者的困擾。

一流 POINT 圖面對照 vs. 照明切換開關

最後要將完成的燈具配線圖套在之前所完成的家具及天花板設計圖上，看看兩者對應位置是否適當。

在迴路及開關配置上，也要預先設想是否分配成間接照明與主要照明的切換。

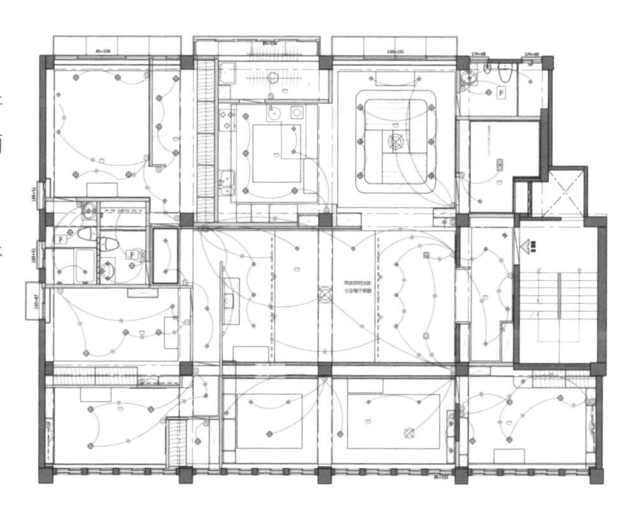

燈具管線預計要走在木作牆內或天花板內包覆，還是選用 CD 硬管。

❶ 蜘蛛網佈線：因為電路盡量要採最短距離，所以會在天花形成像蜘蛛網一樣的布線，因為電線走愈長，電阻愈大，愈耗電。

❷ 線頭要標示是指示雙切和單切。

普通工法 vs. 一流工法 / 用硬管還是軟管

	普通工法	一流工法
CD 管	天花選軟管 牆壁選硬管	全部選用硬管
PVC 管	硬管	全部選用硬管

雖然選擇軟管也是符合規定，但是，熱度使軟管容易脆化，可能會造成危險，所以我一律選用硬管。

補充教材 電路工法第一課

電路施工 8 流程

新成屋而言，由於配線及出口都已設定好，除非造成很重大的問題，例如插座或開關被櫥櫃遮蔽、廚房家電插座或迴路設計不足、使用高度不對、燈光照明的分配及使用等等，我通常都會依據新成屋的電路配線進行設計，並做最小的修改。

但對中古屋而言，光電容量有可能與實際使用產生落差，必須補足外，另外管線老舊容易造成居住安全的危險性，改造必不可少，除了考慮改造後電路使用的方便性和可行性，還要注意諸多因為了省錢，造成迴路負荷太大而引發的安全問題。這裡就我的經驗值，分享一下關於電路施工流程步驟應如下：

Step 1 配電計算

了解配電箱構造，並計算屋主家中全部電器的各需求或負載電量。

Step 2 畫圖與對照

依照屋主使用習慣安排電器位置，並畫設計圖，以規劃新插座（迴路）的位置與數量，並與屋主確定，以便後續施工。

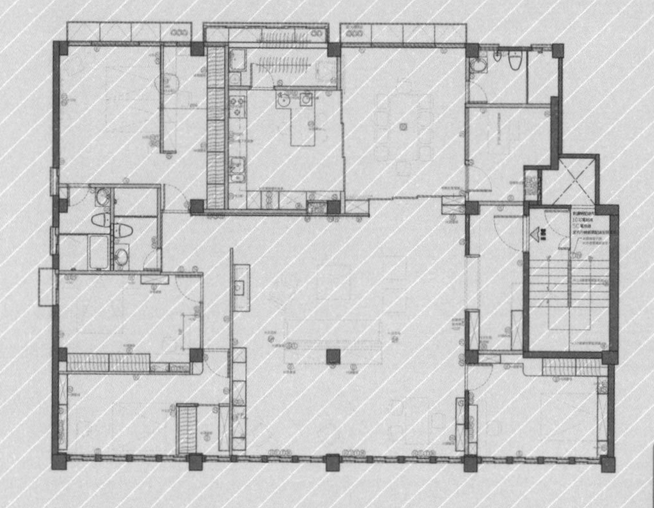

水電圖例

	電源開關	T	電話出線
	雙連插座	N	寬頻網路插座
H	110V專用插座	S	單切開關　H=120
	220V專用插座	2S	雙切開關
TV	電視出線		雙連地插座
SP	喇叭出線	IC	對講機
F	多功能乾燥機		
SF	乾燥機開關面板	插座未標示尺寸者高度為H：30	

Step 3 迴路設計

設計確定後，開始施工前，先將各空間及家電配電完成，並依需求設置專路迴路或是平均分配的迴路，並在配電箱設置相對應的無熔絲開關（NFB），並標示清楚，選擇配線工法。

Step 4 配管選材，要有 CNS 認證

依照電器需求電量選用電源線種類，包括線徑大小、披覆材質是金屬硬管或是 CD 管、FP 管、PVC 軟管等等，並要有政府認證標章，如 CNS 等。

A 品牌名稱
B 材質
C 線徑大小及規格
D 出產年代

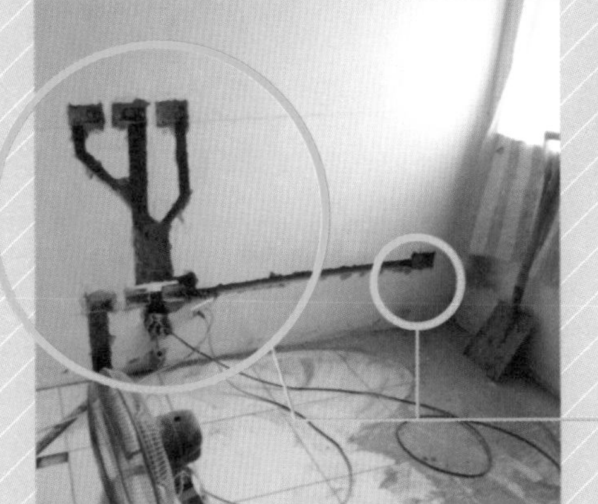

Step 5 做出口標誌

確認水電師傅依圖施工，並確定各個出口位置，如開關、插座進行丈量及做標誌，另用墨斗彈出需要開鑿埋管的線。

特別注意 Pay attention

1. 用墨斗彈出水平高度
2. 橫槽是舊式開槽法，會影響結構安全，盡量不用此法。

Step 6 開鑿埋管(走直不走橫)

依照位置在牆上或是地面上，鑿出凹槽以埋管。並在出口處安裝好暗盒，建議用不鏽鋼暗盒，在維修上較方便也安全。

一流 POINT 暗盒有不鏽鋼製和鍍鋅兩種，但兩者價差不大，我一定使用不鏽鋼的，因為鍍鋅材質還是會氧化生鏽，埋設在牆內的，一定要謹慎。

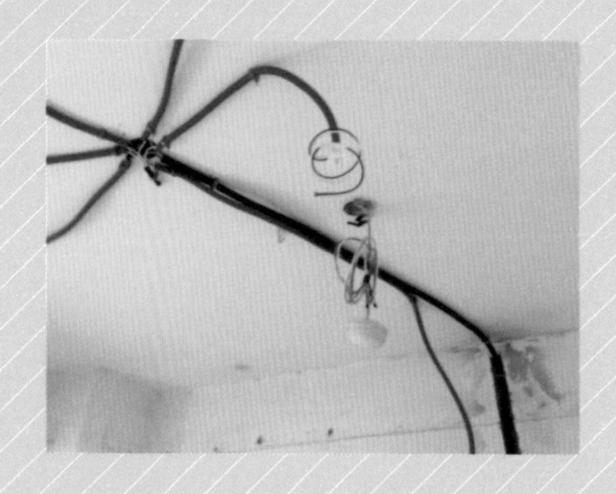

Step 7 安裝穿線

連結各強弱電線線頭。

❶ 切記各管線不可交叉。
❷ 訊號線與電源線不可安裝在同一管。
❸ 所有線路接頭在安裝開關面板之前，不管通電與否，必須全部包紮，線頭不得裸露在外。

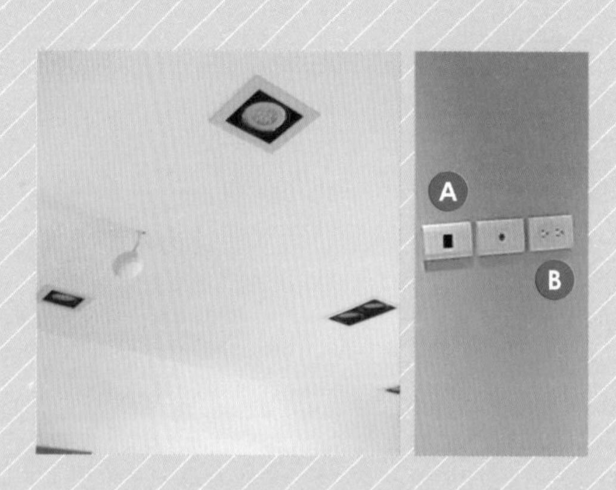

Step 8 封管

並在施工後將燈具或是面板、開關接線，安裝完成。

Ⓐ 訊號線孔，如電視 HDMI／光纖／網路出線孔

Ⓑ 電源插座

如何查詢水電工程人員是否合格？

根據營建署的法規，只能擁有「電匠」與「室內配線技術士」證照的人才可從事電器承裝相關工作。但早在民國96年已明令廢止「電匠考驗規則」，使得「甲、乙種電匠」名稱已正式走入歷史了，現在叫「乙、丙級室內配線技術士」。而以前擁有「甲種電匠證書」的人，就是現在的「乙級室內配線技術士證照」；「乙種電匠證書」則等同「丙級室內配線技術士證照」，都可以從事電器承裝相關工作。若想要查詢有哪些人或公司可以承接電器施工或維修工作，可以上經濟部能源局的「合格電器承裝檢驗維護業資料查詢」系統（http://www.eims-energy.tw/ecem_public）查詢。

補充教材 電路工法第二課

家用迴路分切法

步驟一：自己先建立迴路規劃表

我也建議一般大流量的電器，最好自設一個專用迴路，例如空調、洗衣機、烤箱、電冰箱、電暖爐、微波爐等等。另外，燈具迴路最好各自獨立，以免部分一跳電全室陷入黑暗。若是坪數不大的空間，例如臥室、小孩房，甚至沒有太高級影音設備的書房，則可以設計二個空間一個專用迴路。

步驟二：交給專業水電師傅再檢查一次

其實很難用一句話或一個公式，教設計師或屋主如何推出家用迴路的計算方法，或是迴路數量。

因為這除了涉及坪數大小、每個人的用電習慣，以及空間需求，因此建議還是找專業的水電師傅，將需求開給他們，由他們計算會比較準確，且有保障。（思考方式請看P128 迴路規劃樹狀圖）

一流 POINT 迴路規劃樹狀圖

本案例為 70 坪住家配電參考圖，一般住家為 30 坪的，需要 8 個迴路以上，50 坪的，需要 12 個迴路以上。

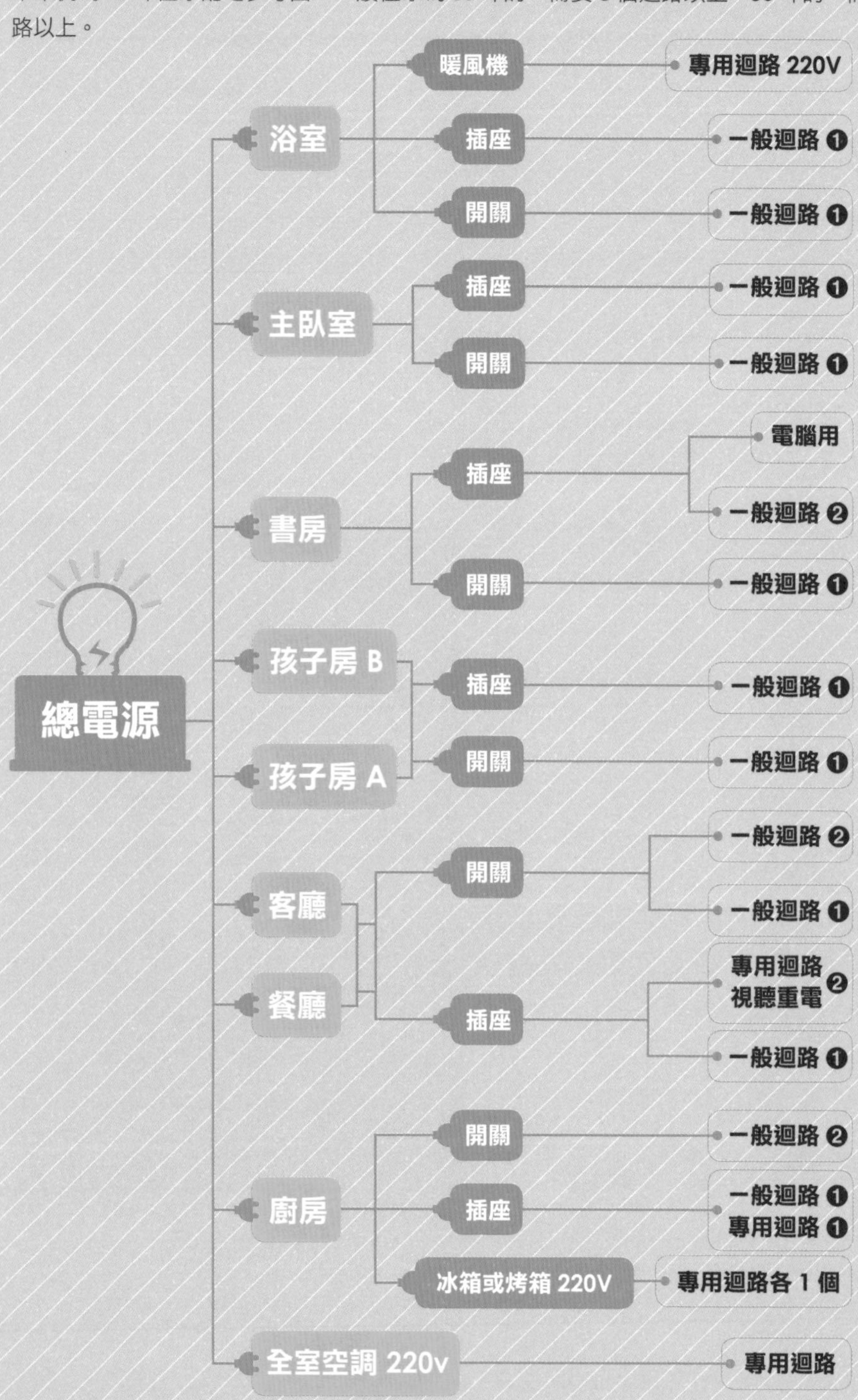

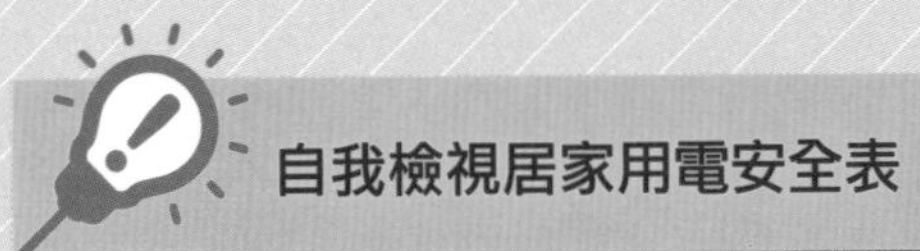

自我檢視居家用電安全表

附上 10 題簡易居家用電查核表，請自行檢測以強化自家用電安全。只要任何一題被勾選為「是」，建議盡速處理，或是趕快請專業的水電師傅前來協助排除。

1. 摸洗衣機或在浴室使用電器時，是否有觸電的感覺？ ………… **是□　否□**

說明：住宅的浴室插座分路，依規定應裝設漏電斷路器，若電器產生漏電情形時，便會自動跳脫，以確保人身安全。

2. 浴室與陽台是否有使用防濕型照明器具？ ………… **是□　否□**

說明：浴室與陽台等濕度高的地方，若安裝一般的照明器具，內部容易因為溼氣入侵而短路或漏電，相當危險。

3. 檢查插座、插頭是否有焦黑、綠鏽或累積塵埃之現象？ ………… **是□　否□**

說明：插頭、插座焦黑可能是因接觸不良造成。插頭綠鏽表示插頭附近溼度高，可能產生積污導電現象，造成插頭起火。

4. 檢查家中是否有使用老舊、破損之延長線或電器電路？ ………… **是□　否□**

說明：老舊、破損之延長線及電器電路會造成短路、漏電等危險，應立即更新。

5. 電源總開關是否經常有跳電的情形？ ………… **是□　否□**

說明：檢查如有此情形，應請電氣專業人員檢修故障後，再行送電使用。

6. 家中的電器用品周圍是否存放易（可）燃物品？ ………… **是□　否□**

說明：若發生電線短路及火花極易引發火災。

7. 檢查家中的延長線或電器電線是否被壓在重物下方？ ………… **是□　否□**

說明：電線內部銅線部分斷裂稱為半斷線，當電流過半斷線時，因電路突然變窄，造成過載而產生高熱。

8. 檢查延長線是否在容許負載容量下使用？ ………… **是□　否□**

說明：延長線應使用具有過載保護自動斷電裝置的產品。

9. 家中的延長線或電線是否被綑綁起來？ ………… **是□　否□**

說明：因電線綑綁後，會因為散熱不良，產生蓄熱作用，易造成塑膠絕緣物劣化，進而短路引起火災。

10. 浴室、陽台等地方是否有安裝接地型插座？ ………… **是□　否□**

說明：此類場所較為潮濕，如設有插座供電器用品使用，應使用附接地形插座或加裝漏電斷路器，以免漏電發生危險。

補充教材 電路工法第三課

7 種電線粗細的用途

電路設計時，請掌握一個原則：就是當迴路數少，高電流使用下，溫度較高導致電線壽命縮短，尤其是披覆絕緣層會融掉。在面對未來的用電需求，只有多不會少的情況下，建議多切一點迴路較好。同時在挑選電線時，我建議使用國內三大廠：太平洋、華新華麗、華榮，比較有保障。尤其是導線依披覆的絕緣層材質而分，有多種不同耐溫度規格，因此若請水電師傅來估價時，記得要問清楚他選用的材料與工資各是多少錢，最好是分開報價比較容易掌握。因此，電路工程的比價不可完全採價格便宜傾向，一定要問清楚規格。

一流 POINT 電線愈粗，耐電流愈高

❶ 5.5 mm 絞線電線，多用於電流較大的電器接頭，例如 220V 的空調用電。

❷ 2.0 mm 單芯電線則多用於開關及插座用線。

特別注意 Pay attention

有些水電包商，會偷工減料，2.0mm 換成 1.6mm 甚至 1.2mm 的電線，那就要小心了。

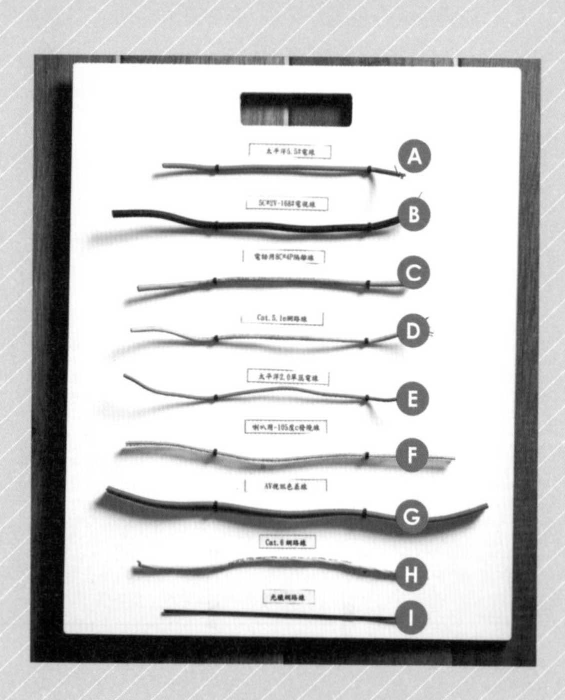

Ⓐ 太平洋 5.5 mm 絞線電線

Ⓑ 5C*2V-16HZ 電視線

Ⓒ 電話用 8C*4P 隔離線

Ⓓ Cat.5 1e 網路線

Ⓔ 太平洋 2.0 m m單芯電線

Ⓕ 喇叭用 -105 度 C 發燒線

Ⓖ A V視訊色差線

Ⓗ Cat.6

Ⓘ 光纖線

補充教材 電路工法第四課

餐廚空間的電路規劃

如同前面所講的，由於廚房運用的家電，有不少是瞬間電流量大的產品，建議最好還是設置其專用迴路，才不會導致使用電鍋煮飯跳電時，全家一起跳。再加上近年來流行開放式廚房及餐廳設計，使得兩者之間的電力規劃合而為一。因此，這裡的開放式餐廚空間電路安排：

迴路

廚房空間的電路規劃
至少安排約 5~6 個迴路

廚房空間的布線安排主要規劃為：包括 110V 電源線 ⑪、220V 電源線 Ⓐ、照明線 Ⓢ，並視情況安排約 5 ～ 6 個迴路。

其中，電源線部分尤為重要，110V 電源線建議用 2.0 mm 較佳，220V 電源線，我自己都選用 5.5 mm。而高功率輸出的電器用品，並且建議使用專用迴路，例如微波爐、烤箱、電冰箱、空調等。

另外隨著家電用設備增多，甚至國外進口家電，所以最好依據屋主習慣需求在不同部位留下相對應的電源接口，並多做 1 ～ 2 組，以備日後新增設備使用。一般分為三大區域，分別為 ──

（一）工作廚具區的電路安排：

❶ 爐具上方約 200 cm 處設置抽油煙機插座、工作流理台枱面壁上一組 110V 插座及一組 220V 插座，提供給活動式小家電使用、洗手槽下方安排濾水器或淨水器插座。
❷ 廚具下方安排洗碗機或烘碗機插座，並配合電器安排廚具區的照明。
❸ 安裝電動升降廚具層架五金，必須安排其用電考量。
❹ 插座安排在近水區域，建議要做防水插座，以保安全。另外，用電開口建議不要離火源太近，以保安全。

廚房水電配管複雜，要把未來使用狀況考慮進規劃。

（二）電器櫃區的電路安排：

烤箱（專一迴路）、微波爐、電鍋、咖啡機、熱水瓶、電冰箱（專一迴路）等，插座安裝位置是以電器在電器櫃位置高度而定。

（三）中島區則又分為是否有供水及未供水：

有供水如洗水槽，則建議下方安裝淨水器；若無供水，則考量在中島活動的可能性，建議安排 1 ～ 2 組插座提供一些小家電使用，像是電磁爐、果汁機、鬆餅機等等，甚至方便筆記型電腦或手機充電使用。

一流 POINT　因應廚房有水管安裝，且環境容易潮濕

❶ 建議電源接口距離地面不得低於 50 cm，避免因漏水或長期潮濕造成短路。

❷ 照明燈光的開關，最好安裝在廚房門的外側。

❸ 萬一是大坪數，或是有上下樓層設計的住宅空間，我會建議在廚房加設個小型的室內對講機，通知家中每個人很方便。

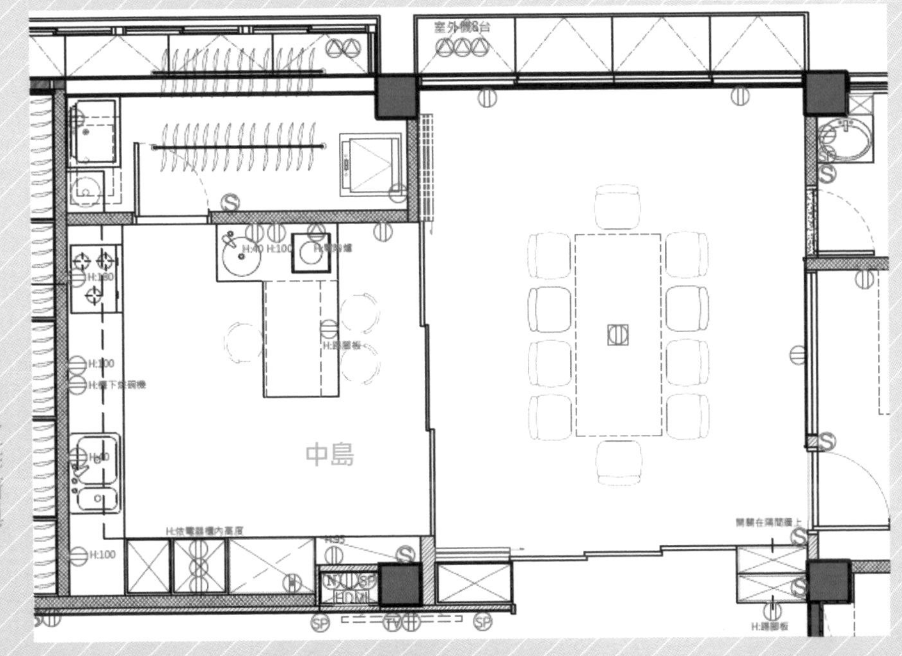

電路

餐廳的電路設計
大致分電源、照明、空調、通訊或電視 4 種類

- 電源
  - 開關在門內側（單切或雙切）
  - 插座
- 照明
  - 主燈（餐桌上）
  - 輔助燈（暖色調）
- 空調
  - 依空間分配
- 電視通訊
  - 預留接口

每條電路配管要標示清楚，方便未來維修。

補充教材 電路工法第五課

衛浴電路要預留專用迴路

面對愈來愈先進的衛浴科技設備，電路更要重新思考，並建議最好也設置專一迴路。

想要擁有良好的衛浴環境，乾濕分離是必要的設計規劃，依據這樣的基礎，衛浴的用電規劃會預留多功能暖風機設備、照明，並在洗手檯面上設置1~2組插座，其中一組可運用在除霧鏡面上，同時由於免治馬桶的普及，在馬桶附近加一組插座用電，若有感應式面板規劃或遙控式，需預留空間。

除此之外，再視屋主的需求決定用電量的規劃，例如是否有按摩浴缸、SPA蒸氣室規劃、室內用電熱水器……等等。

林良穗貼心叮嚀── 智能宅的電路設計：電與火的總開關

Professional Exhortation

面對愈來愈多的銀髮族生活，在居家環境裡建議最好先預留設備添加的可能性。

❶ 年紀大會忘東忘西，則建議在大門口做一個關於「電和火」的總開關，出門前只要關上，就不用擔心爐上的火還在燒，或是房間忘記關燈的問題。

❷ 建議在老人家的房間內及動線上，架裝感應式小夜燈，讓老人家在夜晚取水或是上廁所時增加安全性。

很多人認為只要多開窗、或開大窗就可以擁有良好的採光及通風，但事實上，並非如此。採光及通風涉及原建築體的方位及建築結構周圍法規，並非說開窗就可以開的。同時窗開得對不對也是門學問，例如開在西曬牆面，就等著電費破表，開在東北及西南面的迎風牆更會帶來夏熱冬冷的嚴重問題，因此並不能隨便開窗。設計不當的格局及動線，使得採光無法深入空間裡的每個角落，通風無法流動，容易造成房子易潮溼、壁癌，居住者的身體健康也跟著受影響。

採光與通風的設計原理

❶ **動線與隱私兼顧：**為了保留原始採光及通風，最好要多繪置 2 ～ 3 種空間配置，甚至多達 5 ～ 6 種以上都有可能，要找出對屋主最好的空間分配。

❷ **通風路徑：**注意風向，避免東北季風；窗戶或門是時常開著、並且在對面或角線上，才是有效通風。

❸ **採光有效：**並不是有窗就有光，開在西曬方，必須裝上遮光簾，等於沒採光。

如何規劃出一個擁有良好的採光及通風的室內環境，對設計師來講，才是一切設計的根本。

CHAPTER4

採光·通風

如何在空間裡營造自然的採光及良好的空氣流通，其實是室內設計學裡最基本的工程及設計學，所有的設計、工法都不能與此相抵觸。

- 開窗方位不對
- 窗戶與窗戶相對距離
- 格局動線不良
- 房間陰暗

現場分析

analysis CASE 04

老雙併透天宅開錯窗擋風又擋光

看日照、看風向、重開窗，還有新設管道間拉平樓板迎光新格局

設計策略

Design Strategy

■ 建築結構：**75 坪 (1-3 樓)，中古屋雙併住宅 4+1 房 2 廳 3 衛**
■ 機能增加：**重新分割室內與開窗區，引進自然光源與對流風，一樓變出停車區、儲藏區**
■ 基礎工程：**修補連續壁、壁癌、漏水、新管道間、樓板不齊**
■ 安規建材：**磁磚二丁掛、南方松、藝術玻璃、F1 板材、健康系統櫥櫃、得利塗料、創世紀氣密窗**

不規則的雙併中古透天厝，由於建物頂樓加蓋時間不同，造成兩邊房子無論是地板或是樓高都有些許的落差，以致容易產生雨水倒灌和漏水問題，如果想重新規劃，勢必得重組空間，拉平頂樓樓板解決漏水問題。這些涉及到拉皮、樓板工程，得整合建築師專才。

由於客戶的預算有限，我決定將重點放在重新調整開窗位置的大小，以及透過合理的動線及格局分配，解決樓地板問題與外牆漏水，並做好室內的基本需求，就能讓屋主感覺到最大的效果。最後將整個外牆做老屋拉皮，拆除鐵皮頂樓，變身全新別墅。

另外，我再將原本的庭園整合旁邊畸零基地做點小調整，可以停入家中的兩部車輛，是最讓屋主滿意的地方；室內，由外而內，透過全新布局打造出一棟到處都充滿明亮採光且寧靜和諧宅邸。

搶救 → 建築師、結構技師共同參與改造，頂樓鋼筋灌漿整平解決定樓板地坪高低差

搶救 → 環境計算基地四季日照角度和通風風向，找出最佳開窗方向，進而更改到位的隔間，讓空氣形成對流，都有好採光

1 — 透過大面積的採光規劃，讓原本昏暗的客廳變成明亮，並利用鏡面有折射光源及放大空間之效果。

2 — 透天厝從外到內大改造，一樓是公共空間，二樓為主臥、更衣室、書房和客房，三樓則是孩童房與洗衣工作間，為了方便到頂樓陽台活動，特地打造旋轉梯。

Before
改造前

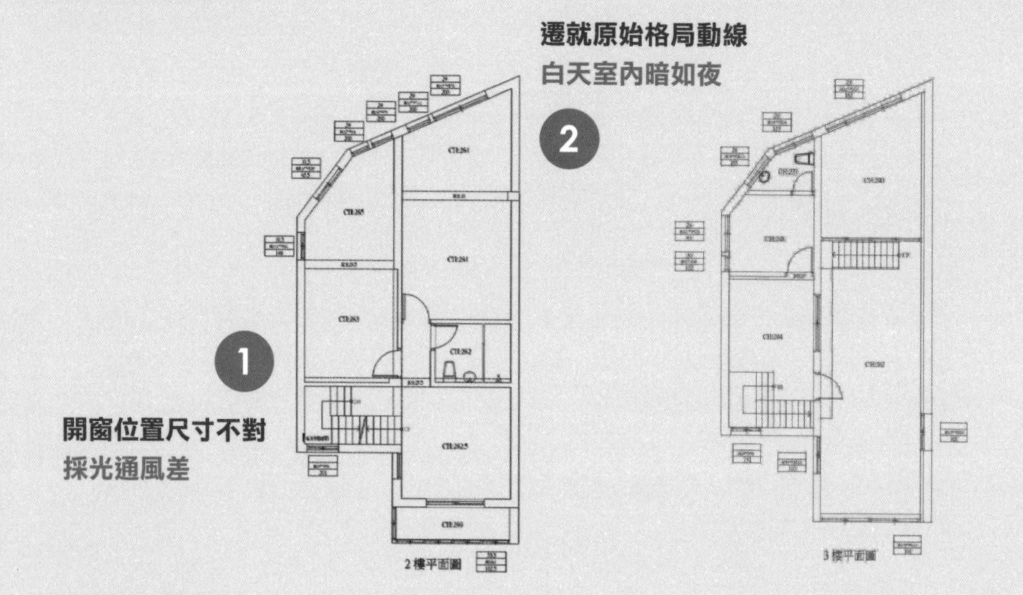

After
改造後

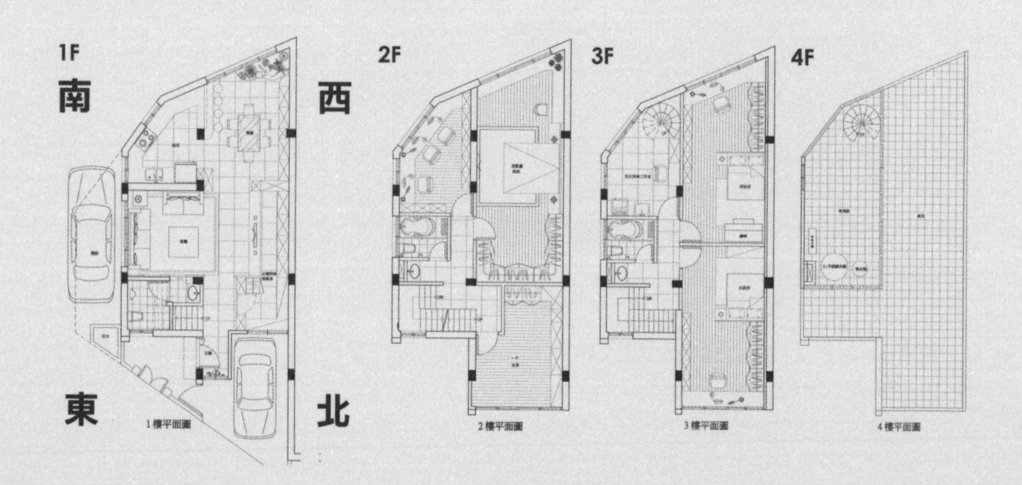

1 開窗位置尺寸不對 採光通風差

→ 修改窗戶高度與位置，保留樓梯動線的氣窗，封掉迎風壁窗戶，減少風頭壁漏水可能。按法規規定的窗開口，維持原貌，但改為橫推式氣密窗，好製造室內風流動。

2 遷就原始格局動線 白天室內暗如夜

→ 拆除既有隔間牆，僅保留載重牆結構，根據坐北朝南的基地方位和日照運行，確定自然採光方向，重新分配格局，同時拉平樓層落差，解決動線和採光。

處理要點 1

開窗位置尺寸不對 採光通風差

由於是不規則雙併的透天房子，考量基地有一棟邊間臨馬路，原本建築採量體小的開窗設計，以顧及安全性。夾在中間的透天厝則僅有前後有採光。當兩棟樓合併後，原本的採光設計完全是彼此屈就，加上不良的動線及格局，使得原本座南朝北的好方位，反而優勢大減。

觀察工法

日照與季節風向 決定窗戶大小與戶外建材

重新盤整兩棟樓的採光空間，並在重要空間處加大採光量體，讓空間看起來更為明亮感。

一流 POINT 至少要觀察 7-10 天

❶ 日照向：

1. 春秋兩季，太陽上午六時從東方昇起，九時在東南，十二時在正南，下午三時在西南，六時落在西方。
2. 夏季，太陽從東昇起，從西北西落下。
3. 冬季，太陽從東南東昇起，從西南西落下。

❷ 通風向：冬天東北風，夏天西南風

春秋 —— (東方昇起，西方落下)

—— (東北東昇起，西北西落下)

—— (東南東昇起，西南西落下)

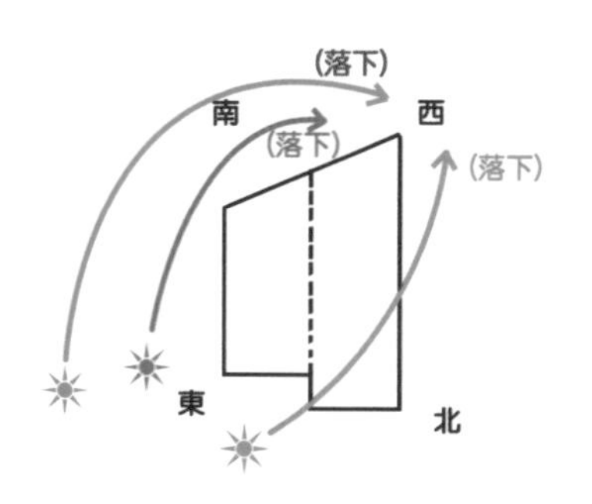

盤點舊建物的窗戶設計

開窗
工法

修改不合用的開窗
按座向方位重調整通風安排

建築外觀的窗戶設置情況，像是正面、立面雖都開大窗，但由於窗戶老舊，而且大部分都用紙貼起來，完全無作用。轉角處也有窗戶，被隔間擋住對室內採光及通風無實質幫助。後面鄰近馬路的窗戶，為安全起見均採氣窗式設計，不僅位置高難以操作，長時間關閉，等同通風及採光全部被摒棄在外。

後面（高位置氣窗）

側面

正面

原本建築外觀照

改外牆與開窗處理後的外觀

A 保留及加大原本側面及後方的窗戶，並做雨遮防雨水

B 保留樓梯動線的氣窗

C 封掉原始的側面窗，以減少迎雨漏水的可能性

D 保留原始窗開口，並改為可以開窗的橫推式氣密窗

用油漆標示要加大的窗戶

開窗工程需經建築師核可
用油漆清楚標示尺寸大小

一樣在平面配置圖確認後，將需要加大的窗戶尺寸及大小用油漆標示出來，以方便拆除的師傅進行施工。由於本案動到建築結構，因此所有的開窗工程都有經過建築師核可及申請，並依照「建築法規」第 45 條，關於建築物外牆開設門窗、開口，廢氣排出口或陽台等，依下列規定：

❶ 門窗之開啟均不得妨礙公共交通。

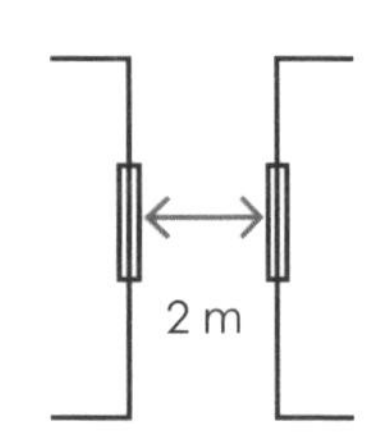

❷ 緊接鄰地之外牆不得向鄰地方向開設門窗、開口及設置陽台。但外牆或陽台外緣距離境界線之水平距離達 1 m 以上時，或以不能透視之固定玻璃磚砌築者，不在此限。

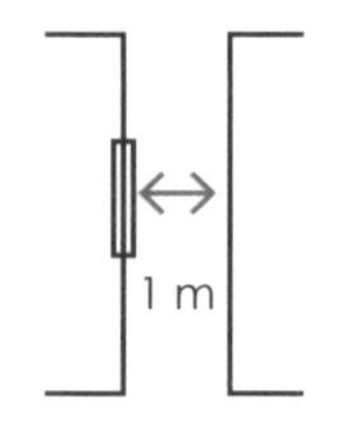

❸ 同一基地內各幢建築物間或同一幢建築物內相對部份之外牆開設門窗、開口或陽台，其相對之水平淨距離應在 2 m 以上；僅一面開設者，其水平淨距離應在 1 m 以上。但以不透視之固定玻璃磚砌築者，不在此限。

❹ 向鄰地或鄰幢建築物，或同一幢建築物內之相對部分，裝設廢氣排出口，其距離境界線或相對之水平淨距離應在 2 m 以上。

❺ 建築物使用用途為 H-2、D-3、F-3 組者，外牆設置開啟式窗戶之窗台高度不得小於 1.1 m；十層以上不得小於 1.2 m。但其鄰接露台、陽台、室外走廊、室外樓梯、室內天井，或設有符合建築法規第 38 條規定之欄杆、以及第 108 條規定設置之緊急進口者，不在此限。

（註：建築物使用類別相關細項說明請參考內政部營建署公告）

一流 POINT

本案都有符合法規，因此才能申請施作門窗施工，這點還請設計師們注意，千萬不可以因為業主要求，就隨意為其開窗戶，會吃上官司。

1 — 在舊有的窗戶地方註明開窗的大小及尺寸、高度。

2 — 開完窗戶的大小尺寸。

3 — 在泥作前將鋁製橫拉氣密窗嵌入，再用水泥（含防水劑）填縫，矽利康做邊條處理加強防漏水。

基礎工法	水泥填縫 + 矽利康
一流工法	水泥調防水劑填縫 + 矽利康

什麼情況無法開窗？

根據建築法第 77 條第 1 項明定，凡建築物已領得使用執照後，不得擅自再開窗，違反上述條例要被開罰。設計案若有以下情況，逕自更動或增加對外窗，將依建築法處所有權人新台幣 6 萬到 30 萬元罰鍰；必要時，得連續處罰並限期停止使用。

1 設有管委會的公寓或大廈，並在其規章內要求不能更動大樓或公寓外觀。

2 其外牆為結構承重牆或與鄰近建築物的共同牆壁，不能隨意開口。

3 與旁邊鄰近建築物之間距離未超過 1 m 以上。

4 與鄰地或鄰幢建築物，或同一幢建築物群內之相對部分，裝設廢氣排出口，其距離未超過 2 m 以上。

處理要點 2

遷就原始格局動線 自天室內暗如夜

Deep Learning

除了開窗不良外，其次就是兩棟樓合併後，僅在兩棟樓之間開小門進出，在動線及隔間上無法良好銜接，造成場域的過度分割，使用空間零碎等問題。因此在透過詳細的規劃後，將空間整併，並一一定位，規劃起來就更為順暢，也使每個人都能享有自己的一方天地了。

新調整的餐廚區擁有自然採光。

原本舊有的廚房被建築物的分割牆面切割破碎，難以使用。

只留承重牆，重新分配空間

保留承重牆，其餘隔間拆除重來
根據日照決定格局，讓光線進入室內

除了保留原始的衛浴管道間及樓梯動線外，其他樓層的隔間全部去除，並拆除到裸露結構面為止。於此同時，依照最理想的規劃，在東方和南方開窗戶。

快速記憶法
Fast memory

窗戶採光面積計算：每一平方公尺，採光深度五百公分，左右可達各四百公分

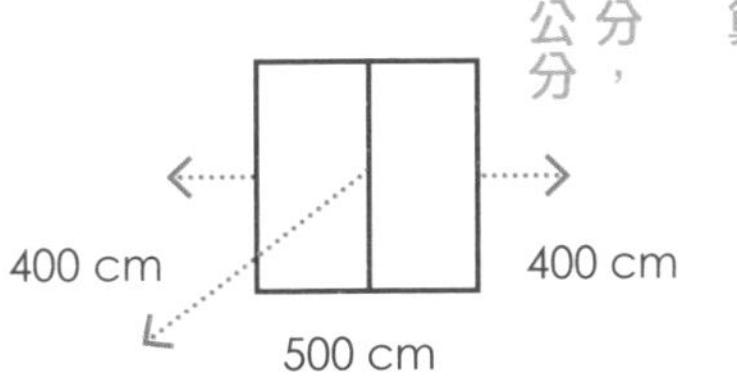

動線
工法 2

砌新隔間牆
一樓當公共空間
二樓以上變私密領域

依照平面配置圖，將一樓設定為公共空間，如客廳、餐廳、廚房及玄關，並利用一進門玄關的畸零空間規劃儲藏間，放置鞋子或是高爾夫球具。二樓以上則為私密空間，包括書房、主臥、更衣室及客房，三樓則為二間小孩房及洗衣工作間。

因舊建物沒有管道間，重新規劃新管道間到北方。

4 種室內暗房效應的改善法

一般規劃得當的房子，通常必須符合建築法規：一間房必須有一個對外窗，除非是臨管道間的衛浴空間。當室內變更後，導致無法全部房間都滿足擁有採光時，可運用開放式隔間、或是拉門處理，選用具有透光性的建材，像是玻璃等，將自然採光引入室內，讓光與空氣可以在屋內流動。

玻璃

開放或玻璃隔間
自然採光擴散全室法

僅有客廳有自然採光時，要不採用開放式設計，或利用玻璃隔間的方式，將採光引領入其他機能空間。有時我會利用系統櫃體和玻璃結合當隔間牆，讓光可穿透同時保有隱私性。

運用玻璃隔間將客廳的光源帶入其他室內居所。

隱藏窗

隱藏式開窗 機動性通風法

本案是一棟胡蘆型的建築空間，在將主臥移至後方，且廚房及客廳採開放式設計在中端，以便讓入口處透明光罩的庭園設計採光能深入室內空間裡，卻遇到孩童房無法開窗的窘境，因此運用隱藏在餐廳的廚櫃後面的共同牆面開一個窗，讓空氣可以流通入室。

餐櫥櫃後方開活動式隱藏窗，讓採光通風得以進入孩童房內。

不及頂隔屏

不頂到天花的屏風 半開放式家具透光法

鏤空屏風設計也是解除暗房的一種設計手法。利用不頂到天花板的多功能屏風設計，不但可界定各自空間場域，同時也能讓另一空間的採光及通風可以進入另一空間做串流。

不頂到天花板的屏風設計，讓主臥的採光可以進入更衣空間裡。

一流 POINT

關鍵高度 200 cm

立面高度超過 200 cm，就失去引光功能。

玻璃磚

運用玻璃磚砌牆 兼顧隱私的透光法

運用透光建材，是避免暗房，加強光源的設計手法之一。像是相鄰的兩間衛浴，其中一間因為管道間或是格局限制，臨窗通風設計，可以在牆上方砌上玻璃磚。

一方面既可引光，一方面又能顧及隱私，但這種手法最好可搭配排風機，讓衛浴空間永遠保持乾燥舒適。

若不想用玻璃磚，直接氣窗鏤空也是可行之法，但要留意衛浴空間容易潮濕， 會建議這裡的通風口用不鏽鋼包覆，並且做足防水，以免日後從氣窗口滲水。

用玻璃磚向隔壁引光。

透氣孔直接鏤空，單用不鏽鋼包覆。

廁所管道間傳來異味怎麼辦？

這個多發生在中古屋的老舊管道間，由於共有管道間的關係，因此只要一戶人家在衛浴間抽煙，很容易樓上幾戶人家都會聞到。

不過，就設計裝修，在安排衛浴間排氣孔時，有兩種工法可以試看看：

❶ 選擇有氣閥設計的機種。
❷ 並選擇L型排氣管，安裝時將L型氣管朝上排氣，管道間的異味就不容易透過排氣管傳上來。

補充教材 採光·通風工法第二課

鋁製氣密窗施工流程

市售的氣密窗，分為正統氣密窗，跟我們俗稱的「鋁窗」，其中間差價很大，在選購時要注意。一般來說，若居家鄰近馬路或是鐵路、傳統市場、工廠等噪音較高的場所，都會建議屋主最好還是採用氣密性較佳，且等級最好在 2 $m^3/hr\text{-}m^2$ 以下。

❶ **外框厚度：**要配合窗戶，大約是 8 到 10 cm。

❷ **玻璃的厚度：**厚度都是影響鋁窗價格的主要因素。玻璃的厚度愈厚，價格也愈高，當然隔音性能也愈好，但每種窗型所能搭載的玻璃厚度並不相同。一般來說，我自己只用 10 mm 厚度的住宅鋁窗玻璃的厚度，一般則常用 5 mm、8 mm 及 10 mm 等 3 種厚度。

❸ **顏色：**一般鋁門窗的標準規格顏色大多為鋁色，牙白色、純白色、香檳色及咖啡色。此五種標準顏色的價格也會比其他的顏色便宜，交貨速度也較快。

❹ **特殊環境：**溫泉區不要採用表面是陽極處理材質的，因為環境的酸鹼度會變成鏽斑，另外，高樓層的窗戶一定要用雙層氣密窗，才不會有風嘯聲。

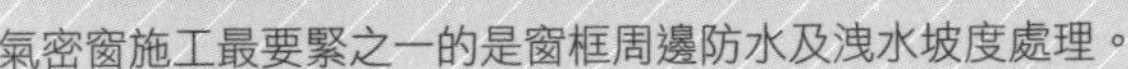

氣密窗施工最要緊之一的是窗框周邊防水及洩水坡度處理。

以下是我堅持安裝鋁製氣密窗的流程及施工方法：

1 — 拆除框工程，將舊鋁窗拆至見磚底。

2 — 將新鋁框牆立起來，先固定鋁框垂直與水平，再用不鏽鋼釘鎖固定。

3 — 將鋁窗邊的縫用水泥混合防水劑填起來，以固定。

4 — 抓水平，並固定轉角處。

5 — 窗內側採直角，窗外斜角（洩水方便不積水），將鋁窗安裝上。

6 — 填縫抹平，並上油漆完工。

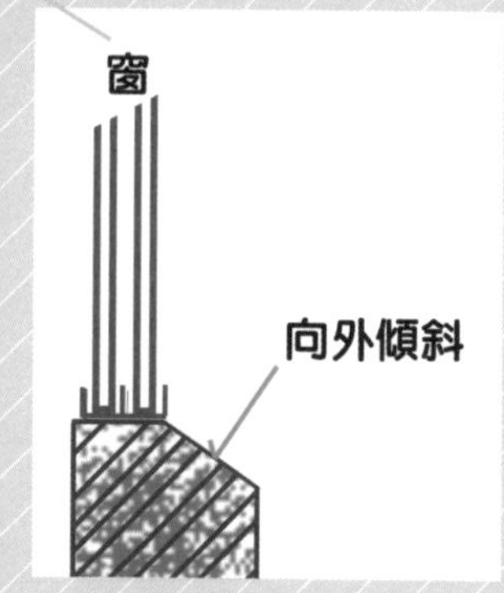

如何挑選合適的氣密窗？

在協助屋主挑選氣密窗時，我一定選擇有信譽及品牌的廠商，若一般人想要自己購買，建議可以從以下幾點著手，同時這個方法也適用於氣密窗組裝完的驗收標準。

1 開窗測試，窗框導角密合效果

一般選購氣密窗，最好還是到銷售現場觀察看看，並動手操作。當你在開窗瞬間，若感到有點吃力，顯示窗框導角確有密合效果。

2 用名片，測試窗體密合度

雖然沒有專業的檢測儀器可以檢驗其防水、防音系數，但也可以最簡單的方式，是拿張名片放在窗緣，關上窗戶後輕拉紙片，愈須花力氣抽起紙片，鋁窗的氣密度就愈高，愈能阻擋風雨滲透。

3 出廠證明，風力、水密測試報告

另外，如何分辨是否為正統氣密窗？購買鋁窗時，要確認防水力，可向店家索取出廠證明，以及完整的風力、水密程度測試報告。

4 細聽風聲，檢視配件銜接

關窗時，若風吹過會有口哨聲，代表配件銜接處已經有縫隙，就要小心其施工品質不佳，或是產品已有問題，建議最好更換。

5 檢查鋁窗外觀是否光滑無刮痕

這是施工很重要的依據，一位有品質的鋁窗安裝師傅，應該是將鋁窗完整安裝，並做好保護工程。

6 窗外框與牆壁不能有間隙

即使用了氣密窗，若是施工不當，連最好的材料都無法達成有效隔音的效果，因此在驗收時，也要檢視窗內外框與牆壁是否有密合，並用混合防水劑的水泥及矽利康雙重收尾。

補充教材 採光·通風工法第三課

氣密窗 VS. 空氣交換機 臨馬路噪音空污的改善法

這是都會生活常見到的問題，面對噪音及空氣污染，除了在家中備一台空氣清淨機外，就 是求助設備了。像是安裝空氣交換機，或是運用雙層的氣密窗，或許可以大大降低噪音及空氣品質問題。特別是當住宅內有暗房、臨馬路很少開窗、位在山區濕度高，這些屬於對流不佳無法改善的，就要安裝空氣交換機。

機械換氣

安裝空氣交換機 可控溫帶來戶外新鮮空氣

全熱交換機是將排出的混濁空氣與吸入的室外新鮮空氣進行熱能交換，使新鮮空氣的溫度接近室溫後送入室內，保持室內恆溫。即使在開空調時，也可防止室溫急遽變化，節約能源保持舒適的換氣環境。反觀冷氣是將室內空氣循環變冷，但不會交換，因此待冷氣房太久，反而因吸入太多二氧化碳產生不適。安裝及設計空氣交換機時需注意：

❶ **專用電壓：**須安裝專用斷路器及額定電壓，不然馬達易燒毀及控制系統異常。

❷ **絕緣層：**金屬風管穿過木製建築物的金屬板或金屬網時，要在風管和牆壁之間做絕緣層。否則會引起觸電或漏電。

❸ **室外風管：**安裝時要向下傾斜，防止雨水侵入。否則會造成屋內滲水，另外為了防止結露，要在室外側風管（必要時包含室內側風管）做隔熱層。

❹ **主機和室內吸氣口：**不可安裝在廚房等油煙多的地方，否則易引起火災。另外亦不可安裝在直對熱源及浴室等濕度高的地方，避免引起觸電或漏電。

❺ **清潔：**全熱交換引擎和過濾網，每年要進行 2 到 4 次清潔，天花板需預留檢修口。

1 — 舊屋要加裝空氣交換機時，要開鑿金屬管線。
2 — 頂級新屋已經會預留管線出入口，以便安裝空氣交換機。

特別注意 Pay attention

空氣交換機能交換室內空氣，但無法過濾空中異味，近用餐或料理時間，建議將機器暫停，以免吸入附近排放之油煙味。

降噪 安裝雙層窗戶是最經濟減低噪音的方法 隔離 70% 的聲音

一般窗戶在安裝時，寬度應宜在 500 ～ 700 mm 之內，高度最好在 1000 ～ 1200 mm，最大別超過 1400 mm，因為要考慮開啟的方便和安全。而 90% 的外部噪聲是從門窗傳進來的，因此可以建議業主可以選擇中空雙層玻璃窗，但由於單價很高，一般業主的接受度也不高，因此有折衷的辦法，就是安裝雙層氣密窗，它們可以隔離 70% ～ 80% 的噪音，而普通的鋁合金單層玻璃窗只能隔離 30% ～ 40% 的噪音。另外再搭配隔音窗簾，可以折射不少噪音問題。

1 — 安裝雙層氣密窗。
2 — 舊外窗補矽利康，可以再加強防水性與降低噪音。

補充教材 採光·通風工法第四課

感覺到風有流動 便是有良好的通風路徑

在傳統室內設計師養成過程中，除非是建築系出身，否則關於採光及通風都是邊學邊看，根本沒有專業的老師教。

有效通風路徑 與各開口部相對位置有關

以下是基本的有效通風路徑，設計師們在決定格局配置時，也要思考所有的開口部（窗戶與房間門）的通風功效。

❶ **通風的路徑：**是對面或對角線的窗或門（開口），90 度的隔壁窗戶，是無效的。

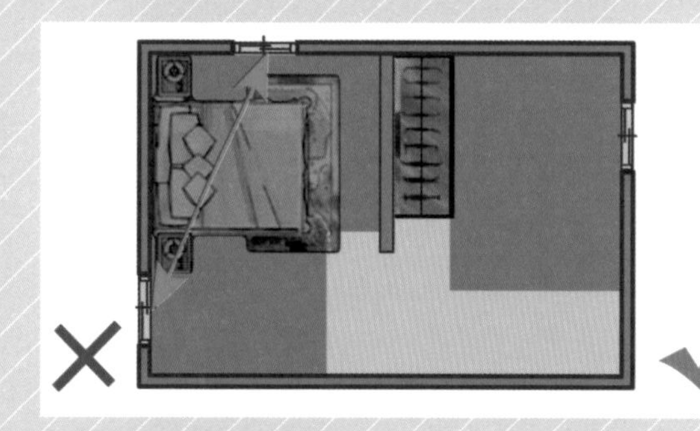

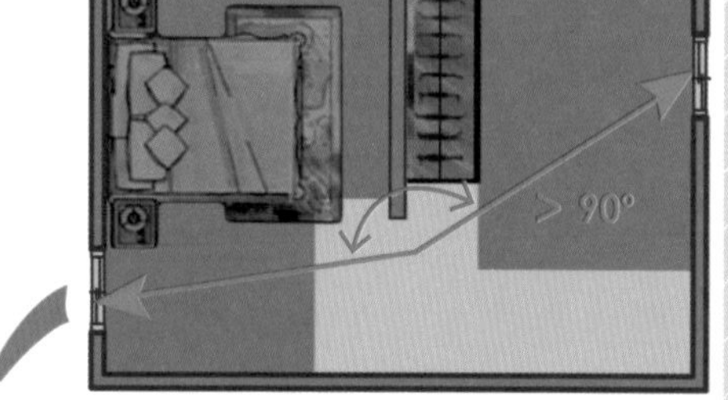

❷ **通風距離：**通風的有效距離是 20 m 內，超過 20 m 以上就沒有對流功效。

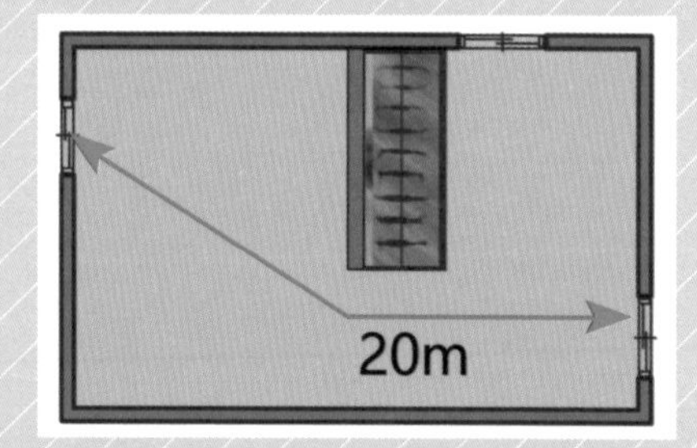

❸ 2 m 以下的隔屏：
也是有效的通風路徑。

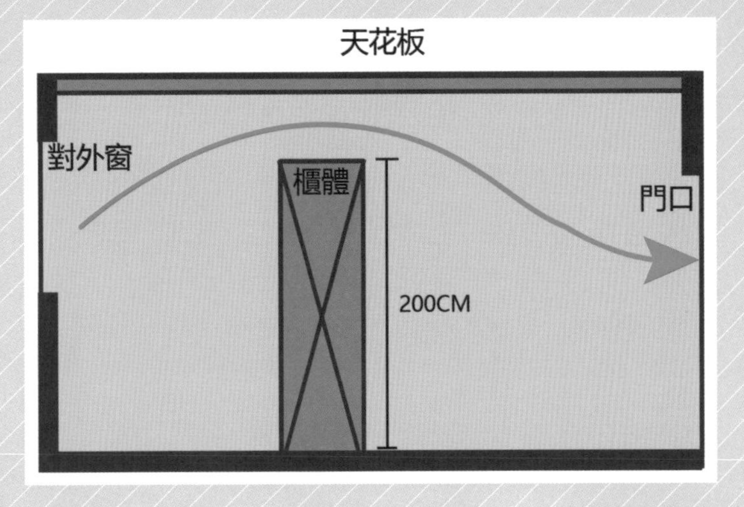

❹ 常開啟的「開口」：
兩端點的開口必須維持在時常開啟狀態，才是通風的有效途徑。

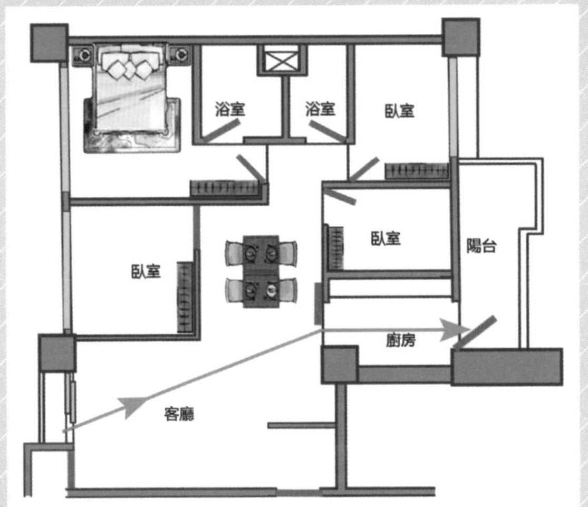

有良好的通風路徑 = 外在環境 + 室內規劃

「要開多大的口或幾個窗，才能讓室內擁有良好的採光及通風？」一直是從事室內設計的我們追尋的目標。但慢慢地才會了解，所謂的良好採光，必須依靠這個房子的外在環境，搭配室內設計規劃才行。

幸好在綠建築的推動下，因有心人士及專業老師投入研究關於自然通風及採光的設計及科學化的計算，可以提供給大家不錯的解決方案，在此我要特別感謝**成大建築系副教授林子平的「室內環境指標——自然通風、採光修正說明」的研究，有許多關於各式窗型通風與採光的計算方式，十分實用。**

天花設計規劃，除了消防管線、水電管路及燈光照明必須考量外，還有樑、柱以及空間對應的比例問題必須一併思考，畢竟一個設計良好且有質感的天花設計，必須先考慮空間及動線的關係後，才能在風格與材質上細細琢磨，可別本末倒置了

動線及地坪規劃，是空間很重要的基本設計。因為，動線若規劃不好，行走之間容易發生危險，生活使用上不便利外，更易造成家人的摩擦爭執。同時，在地坪設計上，若規劃得好，不但可以為空間做虛擬的區域劃分，也可以讓風格加分不少。畢竟，地坪可是空間裡所佔領面積僅次於牆的表現，並與天花設計齊平。

天花的設計原理

❶ **注意功能**：修補住宅建築缺點變成優點、收藏管線。

❷ **調和風水**：外圓內方，圓桌對方框，長桌對圓框。

❸ **高低反差**：讓視覺產生放大的錯覺。

❹ **比例**：堅守黃金比例 1.618:1，高 : 長 = 1:1.5 不能隨便做。

動線與地坪的設計原理

❶ 行走活動一定要方便。

❷ 注意順暢性，不要卡到家具。

CHAPTER5

天花·動線·地坪

天花、動線、地坪雖然分屬天和地，卻有互相對應的關聯，同時卻又被樑與柱牽絆的部分，空間區分、消除大樑、水電管線、行走便利與安全，都包含在這裡。

- 樑柱太多，房子很壓迫
- 天花板油漆永遠會有裂縫
- 天花很矮
- 地板不平整
- 房間太多，動線被阻斷
- 儲物間是壓迫空間的問題

現場分析

analysis CASE 05

樑柱多，大門偏一邊 走動卡卡很不順

電視牆左轉 90º，創造室內風景、大儲物量、夢想的中島大廚房滿足全家同樂

設計策略

Design Strategy

- 建築結構：**33 坪，30 年電梯大廈**
- 機能增加：**大玄關壁櫃、休閒區、儲物櫃、中島廚房、活動式書桌**
- 基礎工程：**移動牆面、廚房重配管、地面防水工程、天花造型修樑**
- 綠 建 材：**玻璃、茶鏡、實木皮、壁紙、系統櫥櫃、ICI 塗料、馬賽克、超耐磨木地板、文化石**

明明有 33 坪，可每個空間配置顯得又矮又狹窄，客廳深度不足，中間還有著狹長的走道串連，採光大不易，樑柱造成格局分配零碎之外，樑下高度甚至不到 226 cm。傳統建商為了有利銷售，30 坪以上空間定要隔到 4 房，但這樣的結果只會讓房子採光不佳、動線狹小，連活動起來都礙手礙腳。

要緊的是，大門在偏前段 1/3 處，根本沒有足夠長度的主牆，再說，大門位置也不能改，更增添難度。

解決方法是直接將客廳主牆 (電視牆設計) 轉成面朝窗戶，後方延伸成小陽台造景；打掉原本廚房的隔間，改造成開放式廚房與餐廳連結，少了隔間牆，從後陽台的通風門與窗戶透入的光線，讓原本採光不好的兩個區塊變得較為明亮，而主臥旁的小臥室隔間一同拆除，把空間分配給客聽與主臥。除了客臥空間放大，主臥室也多了更衣室的規劃。

搶救→ 拆隔間牆，重分客廳、廚房與主臥室，動線變順暢

搶救→ 電視牆不靠牆，改面朝窗戶，4 房變 3 房，視野更寬敞

搶救→ 樑柱牆面貼黑鏡，光線折射幫低矮天花製造緩衝

1 — 餐廳及走道運用大量黑鏡處理牆面與樑柱，利用景深與光線的反射效果製造氛圍，原來的電視牆變成虛擬玄關，有一整面的鞋櫃與收納。

2 — 電器櫃及冰箱後方為結合鞋櫃的儲物空間，也收掉原本煩惱的畸零空間。

Before 改造前

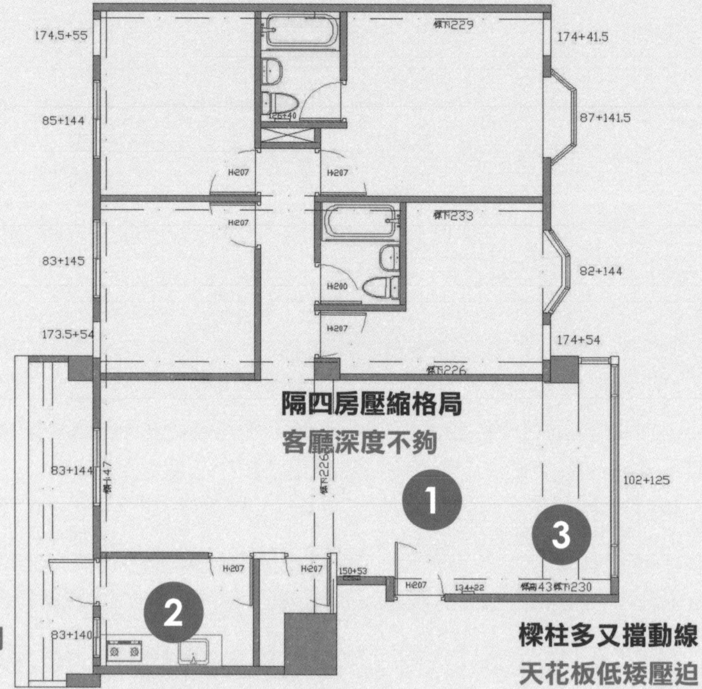

隔四房壓縮格局
客廳深度不夠

儲物間不當設計
壓迫廚房使用空間

樑柱多又擋動線
天花板低矮壓迫

After 改造後

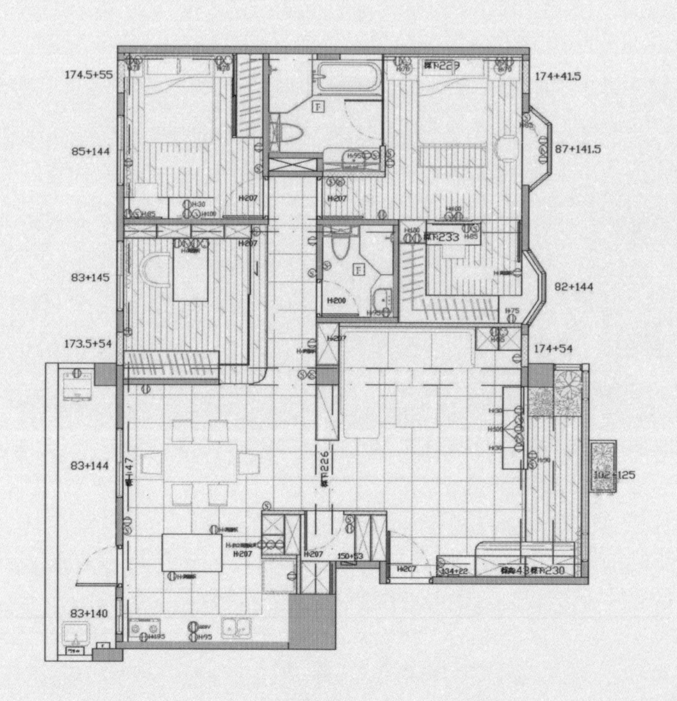

1 隔四房壓縮格局，客廳深度不夠

→ 格局重規劃的第一要點便是拉出客廳深度。拆除過多的隔間牆，同時依照空間高與寬的黃金比例 1:1.5，落定合適的公共空間深度。另外同步考量客廳電視主牆原位置影響到動線，將電視牆 90 度轉向，讓視線不受阻礙。

3 儲物間不當設計 壓迫廚房使用空間

→ 拆除廚房和餐廳隔牆，開放式設計拉大空間開闊視野，當初為了收納而做的儲物間，則將其機能整合進系統櫃，更巧妙以 L 型櫥櫃修飾原本樑柱，增加廚房使用空間。

2 樑柱多又擋動線 天花板低矮壓迫

→ 柱體包覆其他建材，例如文化石、大理石材、黑鏡等，弱化轉移對樑柱的焦點。天花先天挑高不足，可藉助弧形天花板，來減緩視覺壓迫感。

處理要點 1

隔四房壓縮格局 客廳深度不夠

建商很喜歡規劃房間數多的產品，在賣相上較受消費者喜歡，但卻沒有考量到其會連帶影響到動線及使用空間便利性問題，連房間放下床後，根本無法有其他安排了。

動線不佳、格局不良，就是考驗設計師的邏輯與生活經驗，規劃時除了讓動線流暢、排除障礙物外，也要儘可能地找出**空間與空間的最短距離**，不但使出入便利外，最重要的是也可增加空間使用坪效。

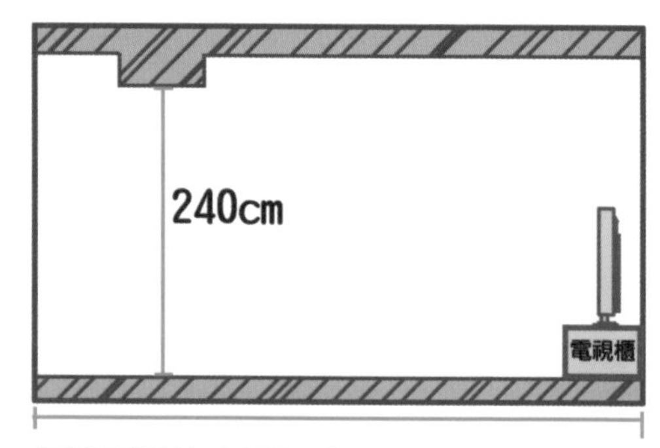

理想長度應有 3.3 到 4.2 m。

1 — 電視牆比例小，無法呈現出客廳的大器感。

2 — 因空間分配給私密空間，使公共空間顯得壓迫，「硬做」的玄關屏風擋在中間，讓動線感覺卡卡的。

牆面後退、格局比例改變

後移工法 1

拆客廳背牆往後移 拉大客廳深度

將客廳隔間牆去除並後移至公共衛浴的牆面，讓採光能深入公共空間。設計師可根據黃金比例評估，牆後退是否能達最舒適效果。

一流 POINT

牆後移的判斷標準

黃金比例為高：寬為1：1.5（1.618），也就是說，樑下高240 cm 時，客廳深度有310到 420 cm 比較舒適。

轉向工法 2

客廳主牆左轉 90° 依實際需求調整使用方位

原始一進門的電視牆面過於窄短，又有樑柱壓迫，既然屋主使用電視不多，建議將電視牆改在陽台及客廳之間，類屏風處理手法，一方面可以保留陽台的採光進入室內，並搭配 L 型沙發，讓坐在客廳任何角落都可以觀賞到電視內容，動線還可以延伸至餐廳空間。

一流 POINT

工法進場順序

地坪一邊地磚，一邊接木地板，要先做完拋光石英磚才能鋪木地板。

將電視櫃改用屏風界定出客廳及陽台。

隔間工法 3

書房改半開放 去除臨走道牆面，放大動線視覺效果

更將原本臨餐廳及走道的牆面去除，改為半開放式設計，不但拉大公共空間的視覺效果，也讓走道的動線變得寬敞，且採光明亮。

改牆工法 4

刪減不必要的房間 兩房併入主臥變更衣間

因應客廳背牆的後移，後面的一房剩下改為併入主臥，成為更衣室。同時針對主臥的空間需求，加大了主臥的衛浴空間，並將主臥衛浴改為半透明的隔間，讓採光可以進入室內。

一流 POINT

木地板下一定要鋪防潮布，千萬不可偷工減料。

1

2

1 — 去除主臥的隔間牆，將兩房併入主臥。
2 — 將主臥地坪打底後，再上防潮布及木地板。保留八角窗做臥榻區。
3 — 把主臥衛浴改為半開放式隔間，下為磚牆隔間，上為透明玻璃，讓採光得以進入。
4 — 利用主臥及更衣室中間規劃電視牆屏風，使光影可以流動穿透，但又不影響隱私。

合理的動線規劃

以下是在規劃動線時，可以參考的基準，但記得實際的動線寬度最好仍以使用人的身高及體型做調整。

1 **走道**寬度不得小於 80 cm。最好的寬度大約為 90 ～ 120 cm 最佳。

2 有**櫥櫃**的走道距離為櫥櫃單扇門片再加寬約 40 ～ 60 cm。

3 **衣櫃**深約 60 cm，但要記得計算門片打開所位的走道寬度，最佳動線是計算床邊距離至衣櫃至少要留 70 cm 左右。

4 **其他櫃體**則必須計量打開門片 90 度時的寬度，視櫃體大小預留 40 ～ 60 cm 不等，以免櫃體設計完後，卻因走道過小，而無法完全開啟的情況。

5 **書桌**深度為 40 ～ 60 cm 為佳。

6 **床邊**距離書桌至少 70 cm 為佳，以方便椅子及抽屜可以使用。

7 **房間**的門片寬度 90 cm 為佳，最窄不得低於 75 cm。但若家裡有人必須使用輪椅，建議房間及走道寬度最好拉至 100 cm 左右。

8 **廚房、浴室**的門片寬約 75 cm。

9 **餐椅**與牆距離至少 35 cm。

10 **淋浴間**寬至少 75 ～ 80 cm，以免淋浴設備進入後，卻無法回身或彎下腰。若安裝浴缸，則寬度必須有 72 cm 以上，長度要超過 110 cm 以上才能放入浴室內。

處理要點 2

儲物間不當設計 壓迫廚房使用空間

原始屋況在廚房旁規劃儲物間，擠壓到廚房空間，再加上密閉設計，採光被實牆阻礙，廚房也僅有一個出入口，變得狹小又昏暗，在使用上不方便，與餐廳也有隔閡，為此建議將廚房的隔間打掉，改為餐廚開放式空間，不但在空間使用上變得寬敞，動線也更為流暢，採光也變得更為明亮。

1 — 原始密閉的廚房空間。

2 — 儲藏間壓縮廚房使用空間。

餐廚改開放式+回字動線

開啟工法 1

善用反光材質 + 雙動線
地磚改拋光石英磚，放大空間感

另一方面透過拋光石英磚的半反射材質，更讓空間感覺明亮且寬敞。去掉原本儲藏間與廚房牆後，出現足夠放下中島的面積，並運用中島界定廚房及餐廳空間，繞著中島的使用動線，讓廚房使用或行徑時更為順暢。

一流 POINT **中島區回字動線間距**：左右兩側動線的寬度需 70 ~ 80 cm

3 — 從客廳延伸鋪設拋光石英磚。
4 — 開放式的廚房設計，並運用中島界定餐廳之間的場域關係。

收納集中管理
儲物空間化零為整

考量收納便利問題，將一進門的儲物空間做修改，使原本的儲物間結合了鞋櫃、收納櫃、電器櫃等功能，也活化了原本因結構樑柱和大門之間，所形成的零星空間。

利用進門處，增加橫向的三面櫃。

處理要點 3

樑柱多又擋動線 天花低矮壓迫

Deep Learning

由於是集合式中古屋，因此多半有樑柱粗大且壓樑問題產生，以本案來說，樑下淨高才226 ～ 230 cm，視覺上容易產生壓迫感，因此運用一些設計手法，將樑柱幻化成無形，也使動線看起來更為順暢。

陽台的橫樑低矮，使得空間及採光也被侷限住，重調整動線改成陽台，有效帶入採光。

樑下設計座位，打造弧形天花

造型工法

巧妙化解壓迫感，樑下當作座位區

為了避開厚重的樑柱體，運用天花設計是常見的造型手法之一。以本案為例，客廳的樑下淨高才 226 cm，因此在樑柱下方放置沙發或櫃體，以減緩站立時天花板帶來的壓迫感。同時，為不使客廳周圍的天花樑柱看起來過於厚重，設計弧形天花，來簡化視覺及動線上的壓迫感，也有放大空間之效。

一流 POINT

弧形天花要注意弧度要在20度以內，否則看起來反而會顯得更壓縮。

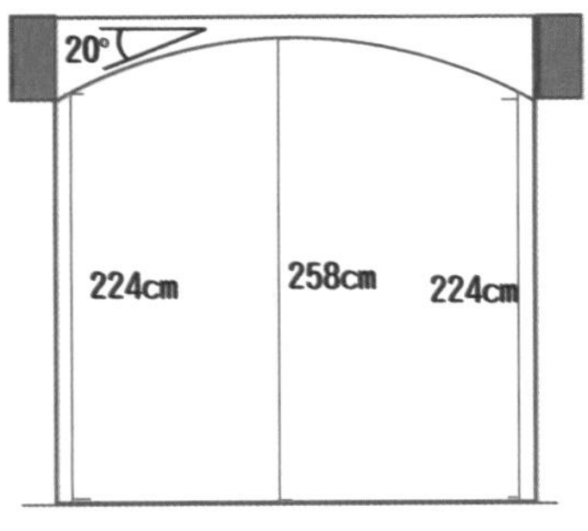

沙發區

櫥櫃及穿鞋區

如何避免天花板上漆後，沒多久又產生裂縫？

施作造型天花，即便角料下得夠多，填縫膠及批土也十分確實，但仍容易在 6 個月後發現造型天花仍出現細微的裂縫。這種情況的發生原因很多，有可能是使用環境，也有可能是 A B 膠施工問題等等，為避免這種情況發生，我通常會要求工班在天花板接縫處，**上 AB 膠前加貼 2 至 3 cm 的玻璃纖維網**來減少裂縫出現問題。

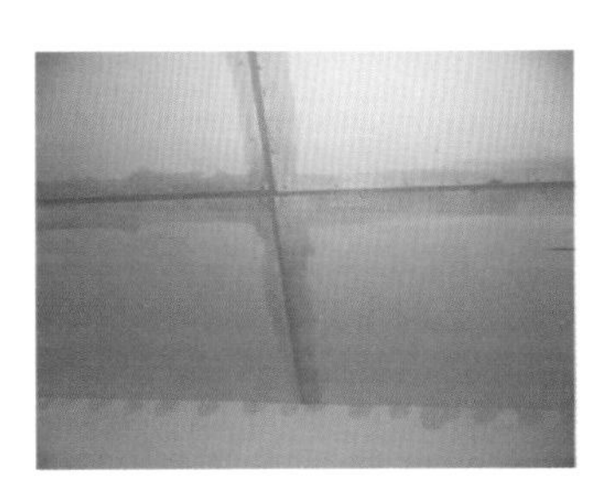

高低天花界定空間，櫃體轉移柱體焦點

反差
工法

藏管線可以利用天花高低層次

受限於大樓本身的管線設計，天花板內走不少管線，但若全面用天花板包裹，會使空間產生沉重的壓迫感，因此透過不同高低層次的天花設計，一方面修飾樑柱及管路，一方面也引領空間動線，同時會覺得無管路區的空間更寬敞。

一流 POINT

反差手法運用區

這種利用視覺差異的方式，因此只能使用在「不停留」的地區，例如走道或入口處。

走道天花下角料

選料
工法

轉移對柱體的感受
處理方向以建築體的斷面為基準

由於牆面後移，使得原本空間裡的厚實柱體裸露，因此可以透過與櫃體結合及建材包覆的方法，來簡化或轉化柱體在空間造成的壓迫。

1 — 運用文化石及大理石電視牆屏風，轉化結構柱體。

2 — 運用結構柱延伸隔間鏤空櫃體，同時用黑鏡包覆柱體，放大空間感。

補充教材 天花·動線·地坪工法第一課

門檻的施工法與防水處理

浴室做門檻的目的，其實最主要的是為了不讓浴室濕氣及水不會跑出來。一般門檻做法有兩種：一種是先下門框再下門檻，另一個是先下門檻再上門框，然後才用矽利康固定防止水氣滲出來。

順序 先下門框、再下門檻 小導角行走更順暢

我習慣的方法則是一定先下門框後，再下大理石做門檻。另外會刻意在衛浴側的門檻做一點導角設計，一方面可以讓水不易被帶出，也有讓行進間的腳步不用抬太高的用意。

至於門檻的材質，用人造石或大理石都可以，真正重點在於內部防水及洩水坡度要做徹底，不要只做一半。浴室，我主張一定要全室做防水到天花，全部地面與轉角處都要下纖維網再貼磚，因為浴室的水會變成水蒸氣，即使有暖風機或抽風機吹乾，但長久下來，仍會影響到隔壁的房間壁面，產生壁癌。

門檻與踢腳板齊平

在衛浴側做導角設計

防水 門檻三面要確定防水 避免水氣從門檻漏出

浴室尤其做這類大門檻（如圖），一般施工可能只會下兩塊大理石，但我會下三塊大理石，其中一塊是下在門檻的裡面。因為若沒有多一塊，水泥砂很容易在卡在磁磚的這個面，導致防水高度不夠，而使水氣漸漸滲出來，使得外面的木地板久了會翹起來。

這裡門檻過寬是為區隔衛浴與公共區域關係，門縫再補防霉的矽利康補強防水。

1 — 一般門式或隱藏門，門檻是在門片下方。

2 — 推拉式門檻，在拉門後方。

一流 POINT 三片大理石＋全面纖維網

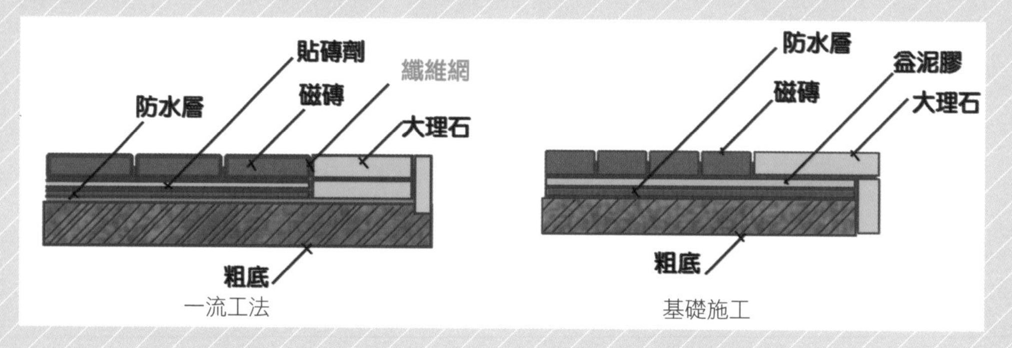

補充教材 天花·動線·地坪工法第二課

不同地坪交接處的施工

會用到不同地坪的處理，不外分為玄關與公共場域之間、公共場域的各自分界、公共場域與隱私場域的分界等等。

玄關與公共場域之間的地坪處理，往往是被人忽視的一塊，在於很多人認為玄關是室內地坪，而忘了做防水處理。事實上，玄關屬連接內外的落塵區，最好要加做防水處理，當從外回來時，一踏入家裡的玄關時，如雨傘、雨衣或外套等等，都可以先做處理。

因此在規劃玄關時，我通常會運用兩種方式：一是會利用高低差做區域規劃；二是與室內齊平，僅以不同建材區分內外及場域。

高低 高低差地坪整合視覺設計要注意

有高底差內的玄關可以防落塵，因此我都會建議最好一進門做低一點，以方便清掃灰塵方便，也不易將外面髒東西帶入室內公共領域。無論是運用大理石或是磁磚做玄關門廳，我都主張一定要做防水處理，防水的區域也不是只做到玄關而已，還要再超過 10 ～ 15 cm，以防止從外面的水滴滲進去公共領域，而造成其他問題。並用填補劑收邊，使線條更為簡潔。

T型壓條

用壓條的木質地坪齊平銜接法

玄關貼木紋磚，可用木質壓條和鄰近木地板連接。

不同地坪的銜接，最簡單的方式，就是利用T型壓條收邊。而壓條的材質可以視兩塊地坪的材質及色彩去做挑選。一般常見的材質有可以銅、鋁、木質、不鏽鋼等壓條。施工方式要注意：

❶ 中間有要 2 mm 的高低差，嵌入壓條時，兩邊才會平。

❷ 同時在嵌入的地方上有彈性的矽利康固定即可，木地板伸縮縫才不會有問題。

填縫劑

異材質的地坪齊平銜接法 選色跟深色材質走，考驗切割技術

大理石拼貼法、馬賽克磚或復古磚拼貼法，在施工時必須先貼防水性建材，如大理石、磁磚，再貼木地板；中間銜接處可用壓條或用填縫劑。只是若要用壓條，切記不同建材厚度不一，中間要有 2 mm 的高低差，嵌入時才會完全平整。

一流 POINT　填縫色跟著深色大理石

我堅持填縫劑選擇要跟著深色的材料，表示師傅切割技術必須很好；當然也有設計師會跟著淺色走，因為如果切得不好，肉眼看不出來。

補充教材 天花·動線·地坪工法第三課

有無踢腳板的施工法

講到踢腳板，其實常見在早期居家空間環境中，簡單一點的就是利用深褐色油漆沿地面牆角刷上一環，講究一點的則會貼上 PVC、木料、瓷磚等材質。其作用如下：

❶ 可以防止拖地時，拖把汙垢拖到牆面的外。
❷ 另外也協助地板收邊。
❸ 解決熱漲冷縮問題，尤其是木地板。

現在牆面可以用防污油漆，容易清理外，再加上收邊工法成熟，除非因應風格的需求，例如鄉村或古典風格，平時也不一定要做。

木作踢腳板收邊 額外好處是避免成為害蟲的通道

若無走線考量，儘量使用實心的踢腳板材質，例如 PVC、木材等等，實心材質的踢腳線造價較高，但除了耐用度考量外，也可以避免踢腳板成為家中小強、螞蟻的特別通道！

耐洗塗料

無踢腳板的施工法 小心伸縮縫出現

有些屋主不喜歡踢腳板，我都會建議在地板收邊上，要記得留適當的伸縮縫，像木地板可用矽利康填補，而石材或磁磚則可用適當的填補劑處理。

若怕清掃時，在牆面留下污垢，則建議可以用耐刷洗的塗料處理牆面，那麼整面牆都能夠有抗污功能，實在受不了時只需要重新上漆即可。並會建議少用拖把清潔，可以考慮掃地機器人來清理，可長保牆角清潔。

收邊

用櫥櫃的下緣當作踢腳板 先下地板後下櫃體

最好是將地坪做完再進櫥櫃，不管是木地板或是石材，保護好就可以。有些設計師會認為鋪設看得見的地方就好，但是，我認為省一點料的意義真的不大。我的屋主都是使用 F1 等級的系統家具，將來可以移動變化，才不至於發生地板缺漏，造成屋主心裏不舒服。

另外，也可以利用櫥櫃設計出踢腳板設計，也順便做為地面、櫥櫃及牆面的收邊效果。

補充教材 天花·動線·地坪工法第四課

架高與平台的施工法

木地板的施工方法，大致分為：平鋪法、架高法、漂浮法、不傷地磚法。其中，以平鋪法及漂浮法，地板呈現較齊平，因此差別不大。

墊高

墊高地板的施工法
18~20 cm 最理想

墊高地板讓空間產生變化及畫定場域問題，因此施工法很多，但主要有兩種：平鋪法及不傷地磚法。前者是最常見的施工方法，地面與木地板間夾了一層夾板，完成面高度約 2、3 cm，甚至更高，要看屋主需求而定。不過這種工法會破壞原來的地面，業主採用前需注意這一點。

墊高不破壞原來的地面地磚的不傷地磚法，較受業主歡迎，而高度會比原本的地板高約 6 ～ 10 cm，仿如和室平台。不傷原本地板的架高平台，施工步驟是：

先用 PVC 防潮布蓋在地面上 ▶ 舖上 3 cm 高密度保麗龍 ▶ 再舖上夾板 ▶ 完成裝釘木地板

一流 POINT

最高不要超過 25 cm
如果是運用低平台的手法，我會特別注意這 2 種高度的視覺暗示，例如深色與淺色交替運用，免得屋主去踢到。

架高

架高和室平台 下緣抽屜收納櫃比上掀地板好用

若空間足夠，一般屋主都很喜歡在家裡安排一間架高木地板，做複合式的房間，可兼做和室、書房及客房。一般架高木地板，施工步驟依序為：

先用 PVC 防潮布蓋在地面上 ▶ 使用角材架高（依空間高度，架高約 10 ~ 60 cm），有規劃收納可架高 20 ~ 30 cm 以上 ▶ 平舖底板釘在角材上方 ▶ 最後木地板裝釘底板上方

林良穗的「退縮的魔法」：二進式空間設計

有些老社區因為之前怕淹水考量，因此會將一樓的基地地板架高，但考量要將內外做整合，我會利用退縮方式，在庭院與室內的過度空間設計一開放式平台，可以是玄關、落塵區，有時也可以當做孩子遊玩的平台或是做瑜珈的場地，以二進式的空間設計做為轉圜空間，十分好用。

各種木地板施工工法

	平鋪法	漂浮法（直鋪法）	架高法	不傷地磚法
施工步驟	先用 PVC 防潮布蓋在地面上→再釘底板於地面→最後木地板裝釘底板上方	先用 PVC 防潮布蓋在地面上→再鋪上一層泡棉→最後鋪木地板	先用 PVC 防潮布蓋在地面上→使用角材架高高度（依空間高度，架高約 10~60 cm），有規劃收納可架高 20~30 cm 以上→平鋪底板釘在角材上方→最後木地板裝釘底板上方	先用 PVC 防潮布蓋在地面上→鋪上 3 cm 高密度保麗龍→再鋪上夾板→最後裝釘木地板
施工優點	工期與施工費適中	施工快速 、施工費低，DIY 最常見的手法	隔離地面上透出來的溼氣，營造和室感覺	不破壞地面，適用於大樓的拋光石英磚
施工缺點	會破壞原地面	不打釘固定、耐用度差，易有雜音出現	會受限現場狀況，例如空間高度等	保麗龍不能回收，破壞地球
施工條件	須地面高低誤差在 0.5~1.5 cm 內，適用傳統地磚	須地面高低誤差在 0.5~1 cm 內	地面不平整有高低誤差時	須地面高低誤差在 0.5~1 cm 內
施工費用	中等	最低	較高	中等

門的設計原理

門，涉及到動線及機能。過小的門，會讓人在行進中受到阻礙，但太大的門，卻也會讓空間產生空洞感，想要在家中順暢走動，門，是重要關鍵。

❶ **門的開向**：跟著牆走，牆在哪裡就往哪裡開，動線就順暢。

❷ **向外開啟**：小空間一定要向外開啟，以免人在裡面昏倒，無法救援。

❸ **隱藏門**：要兼顧一體性與手的開啟位置設計。

牆的設計原理

牆，具有界定及分割空間的實質效應，呈現形式可以是實牆，也可用櫃體充當。

❶ **隱私與舒適**：牆是為隱私而存在，也可以解釋成對「空間的舒適度」，就看對屋主來說需要多少。

❷ **活動型隔間**：運用的情況是，針對不需要「每天開關」的空間。

櫃的設計原理

因為人對物品有依戀，造成我們有囤積的習慣，而且年齡愈大、情況愈嚴重。

❶ **拿取都要方便**：考慮高度與屋主的年紀，千萬不要使用天花板的區域。

❷ **沿牆做**：空間不大又想要儲藏室時，還不如沿著牆做收納櫃，並且讓每個空間都有屬於自己的收納區。

CHAPTER6

門·牆·櫃

牆，是區；門，是開口；櫃，是量體也是機能，空間感好不好、生活品質好不好，和這三者的位置決定、寬度都有很大的關係。三者和動線規劃是完全緊扣在一起。

- 門對門犯風水
- 出口不佳、動線打架
- 牆面阻光或壓迫
- 房間不足
- 挑高空間無法運用

現場分析

analysis CASE 06

小空間多坪效 門、牆、櫃大挑戰

改門向、合風水、高櫃還能變出 2 個房間 一家 4 口大滿足！

設計策略

Design Strategy

- 建築結構：**25 坪，挑高新成屋，以櫃子取代夾層，創造新房間**
- 機能增加：**加 2 房、書桌衣櫃、浴室大檯面**
- 基礎工程：**改門向、收管線、衛浴調整**
- 綠 建 材：**玻璃、茶鏡、實木皮、壁紙、系統櫥櫃、ICI 塗料、馬賽克、超耐磨木地板**

因工作關係，屋主長年居住美國及中國大陸，台灣反而是巡視業績及回來探親渡假的居所，購買這戶挑高 3 米 6 的房子，主要也是希望讓家中妻小回台灣時，有個自己的居住場所。在屋主不做夾層的前提下，我必須讓僅有一房一廳的空間，透過裝修技巧，「長」出三房。

我反過來利用本來就會出現的「櫃體」與「門」方向，讓小空間也能呈現出大坪數效果，甚至還解決了屋主在意的風水問題，諸如改變主臥的門廁所門相對、主臥衛浴的門不要對到床等等，重變更衛浴出入口，門牆改採隱形設計，滿足屋主一家四口的多元需求。

在風格方面，屋主希望能以黑色為主，營造較沉靜的氛圍，同時設想整體坪效僅有 20 來坪，我們以黑、白、灰三種色彩比例搭配，運用大量石材和反射建材，塑出小宅空間的大器氛圍，時尚風格宅儼然成形。

搶救 → 浴室門換方向，利用櫃體變兩層樓、2 間房

搶救 → 系統櫃搭木工變身複合式隔間牆，上方設置床板，下面是兒童小書房

1 — 沙發背牆特地做兩道隱形門，可以讓空間顯得具有一致感，而這兩道門，一個通往公共衛浴間，一個是通往主臥。

2 — 擁有漂亮窗景的孩童房，其實就藏身在電視牆櫃後方，特別的是電視牆是和衣櫃、書桌全組合在一起，增加不少坪效及實用性。

Before 改造前

浴室門方位
正對沖客廳臥室

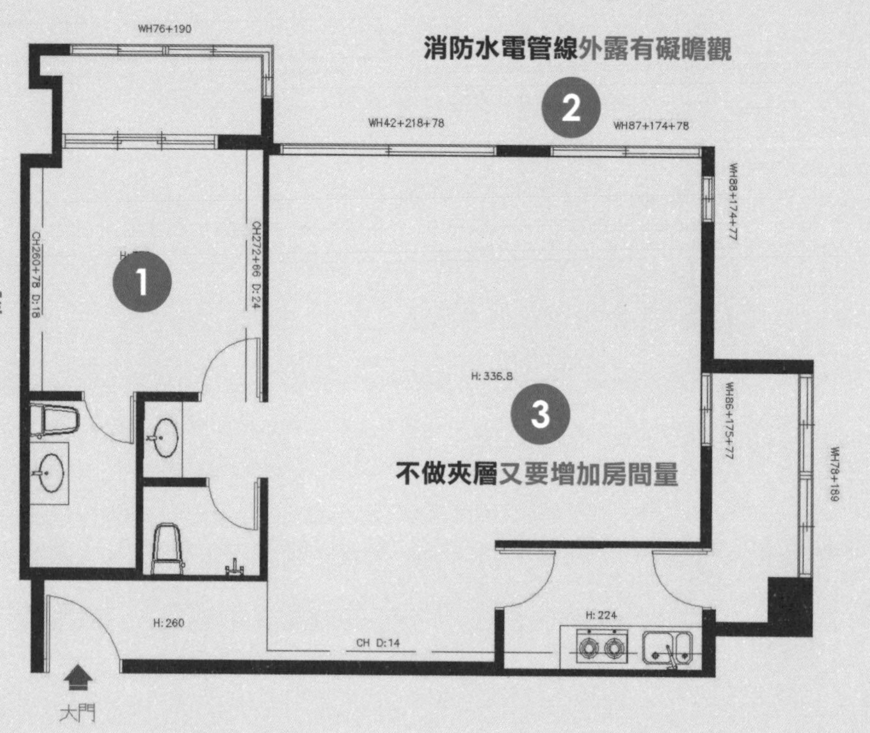

After 改造後

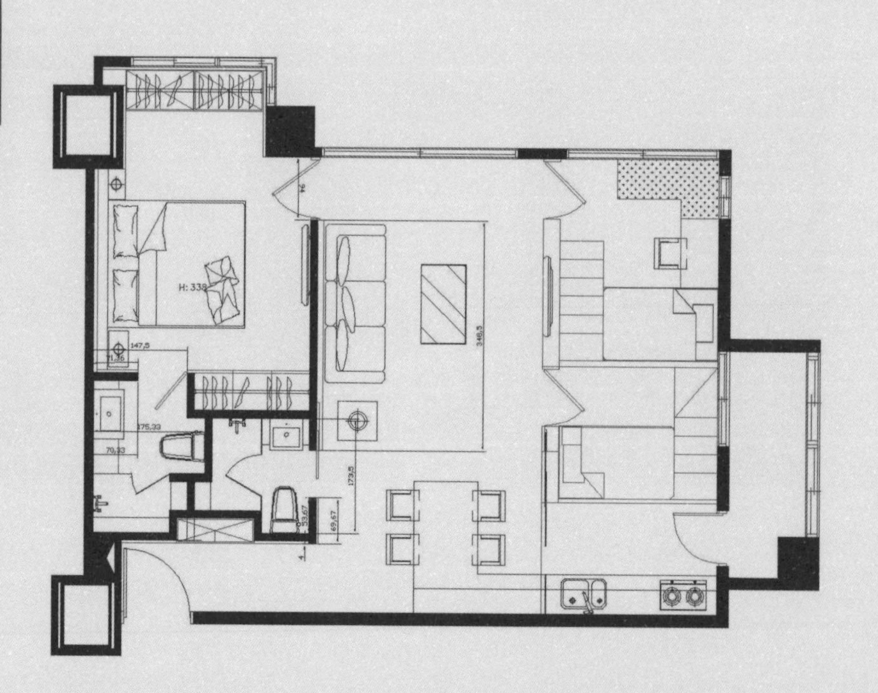

1 浴室門方位 正對沖客廳臥室

—> 直接將衛浴換位置，會涉及管道間變更問題，轉向思考，將門移位，主臥房門換地方重造新門，衛浴進出門則改隱藏設計，遮擋住屋主介意看到門的問題。

2 消防水電管線外露 外露有礙觀瞻

—> 善用高低差天花做法。將走天花的管線藏在走道，這裡天花板高度降低，和公共空間挑高造型成對比，營造視覺效果，也讓挑高 3 米 6 小坪數保有大器氛圍。

3 不做夾層 又要增加房間量

—> 利用櫃體也是隔間牆概念，整合衣櫃、櫥櫃、書桌、電視櫃和床等量體需求，打造複合機能式空間。

處理要點 1

浴室門方位正對沖客廳臥室

Deep Learning

因為屋主對風水仍有點忌諱，尤其是主臥門正對著公共衛浴的門，以及主臥衛浴直接對著床等問題，希望能有所改變。但若大肆移動衛浴位置，管道間更動幅度大，就怕未來在排水管維修不易，因此這次裝修，我們透過將門的方位座向來改善修正。

首先保留原始廚房和衛浴空間，再來改變門的方向位置，主臥的門封住改當隔牆，出入口移到另一側，衛浴的進出動線也跟著調整，而門片設計特別採用隱形門，和客廳背牆合為一體，見不到門，自然沒有屋主介意的對沖問題。

1 — 一邊是衛浴，一邊是主臥入口，兩邊門對門，短 T 字廊道則是洗手枱區。

2 — 該案更改重點在於機能空間的出入口位置，要調整出最佳活動動線。

門往右移並隱藏入口

改門工法 1

更改主臥及公共衛浴出入動線 改做隱藏門避開門對門的風水缺陷

原本通往公共衛浴和主臥室的入口，一分為二，公共衛浴的動線向左移位，主臥進出的動線，改到靠右側的落地窗，並設計隱藏門，隱身在沙發背牆的整體設計中，使視覺統一。

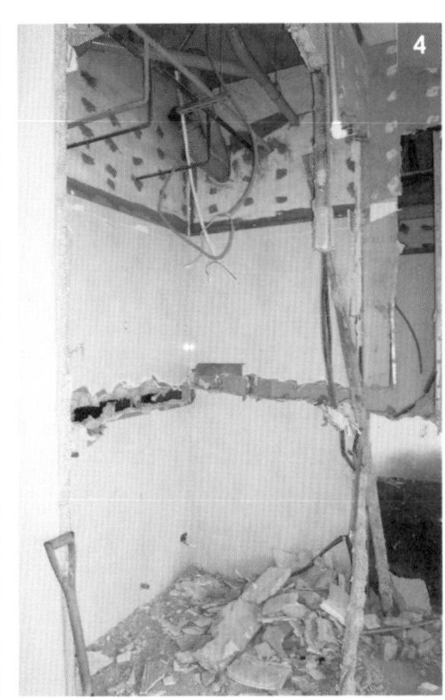

3 — 切除原本公共衛浴的隔間牆，並更改出入動線。

4 — 公共衛浴及主臥衛浴的空間比例重新分配。

5 — 重新砌牆並做好防水。

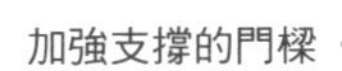

加強支撐的門樑

此牆背後為鞋櫃

一流 POINT 門的結構加強

因為磚是交錯排列，為了防止地震的左右搖晃，所以加入一支石樑，橫過開口部上方。

1 — 將公共衛浴及主臥的動線分開。

2 — 運用牆面設計將原本兩片門修飾及隱藏在沙發背裝後面。

隱藏工法 2 結合衣櫃門片，隱藏主臥衛浴門視覺有統一感

由於屋主不喜歡門對著床，因此透過修改衛浴隔間的方法修正，並將主臥的門與衣櫃門統一，讓視覺上覺得衣櫃無限延伸，但實際上有一片門是衛浴的隱藏出入口。

3 — 利用公共衛浴的凹槽設計衣櫃。

4 — 運用衣櫃門片延伸結合衛浴門片，讓視覺統一，也避開廁所門對床的視覺尷尬。

處理要點 2

消防水電管線外露有礙觀瞻

Deep Learning

現有不少建商是將管線置留在天花，好讓日後維護更便利，這戶小坪數挑高宅也不例外，只是管線交錯走在天花上方，空間看起來顯得有點零亂，天花封板是直接了當的作法，可修飾錯落管線問題。

不過有鑑挑高超過 3 米 6，平封式的天花作法未免單調，加上坪數小，反而略感壓迫，用上前面章節提到的造型式天花，利用高低差，以及弧形收邊，將一些機能性功能隱藏在天花板上，為空間爭取更多使用坪效和挑高視野感。

公共空間的挑高天花營造放大效果

收尾工法

層次 + 收尾效用
天花造型有修飾、機能、藏管道功能

從廚房的低矮天花設計到公共空間的完全開放挑高天花設計，不但能引入充足的採光，更有放大空間效果。而天花與周邊牆面，則以多層次的間接天花設計， 讓空間有層次，同時也修飾掉與每個空間的銜接收尾。

圓弧工法

應用挑高
造型圓弧天花修飾管線

因為挑高的關係，因此在空間規劃上，運用上下交錯的方式，將兩間孩童房的床鋪都設計在上方，床鋪下方則是收納櫃結合隔間牆功能，其中的空間還橫跨了廚房區域。

所以收納部分有一半是衣櫃，另一半是廚房的電器櫃及冰箱等收納使用，相對利用造型圓弧天花修飾掉消防和給排水管線。

空調+空氣交換機藏在玄關天花

走道天花下降藏放大型機組
先低後高的空間對比，感覺比實際更高

將大型機組，如空調及空氣交換機放置在玄關進入空間的走道上方，並隱藏起來，留有維修孔。而此壓低的天花設計對比公共空間的挑高天花及採光，形成對比及反差，反而讓人覺得公共空間比實際更高、更大。

一流 POINT 高低天花

❶ 反差設計

❷ 只能運用在「行進區域」，或是「人不常停留」的地方。

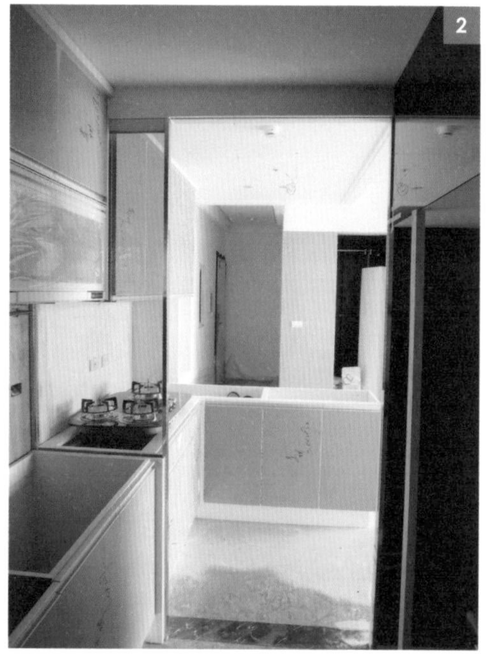

1 — 將空調架設在天花板內，一路從玄關延伸至廚房。

2 — 運用天花修飾掉。

處理要點 3

不做夾層 又要增加房間量

Deep Learning

雖然是中古屋，但由於無人居住，因此即使保存了 5、6 年，屋況仍十分新穎。可以觀測到空間採光明亮，通風良好，但唯獨空間規劃不足。20 多坪的房子只有一間主臥、二間衛浴及一間廁所外，其餘都沒有。

就設計面來看，自然要幫屋主製造更多坪效，不過首次和屋主開會討論平面規劃時，便提及自己不想要做夾層，因此斟酌挑高 3 米 6 的空間特色，得兩相取其利加以應用發揮。例如，將房間規劃垂直設計、左右錯落，利用多功能隔間，好為空間爭取更多坪效設計。

以櫥櫃取代夾層

拆 2 牆、移 1 門
解決鞋櫃和浴室門向風水問題

我常運用小幅度的「門」與「牆」來改變整個格局的配置，進而爭取更多機能， 屋主反而覺得更寬敞舒適：

❶ **拆除：**先改變一進門的浴室外牆和兩間浴室的共用牆。

❷ **移門：**將公共浴室與主臥室的房間門都往右移動。

❸ **築牆：**以「凹凸面」的方式重新界定兩間浴室的關係。

❹ **面盆：**通通可以換成向飯店般的長檯面設計。

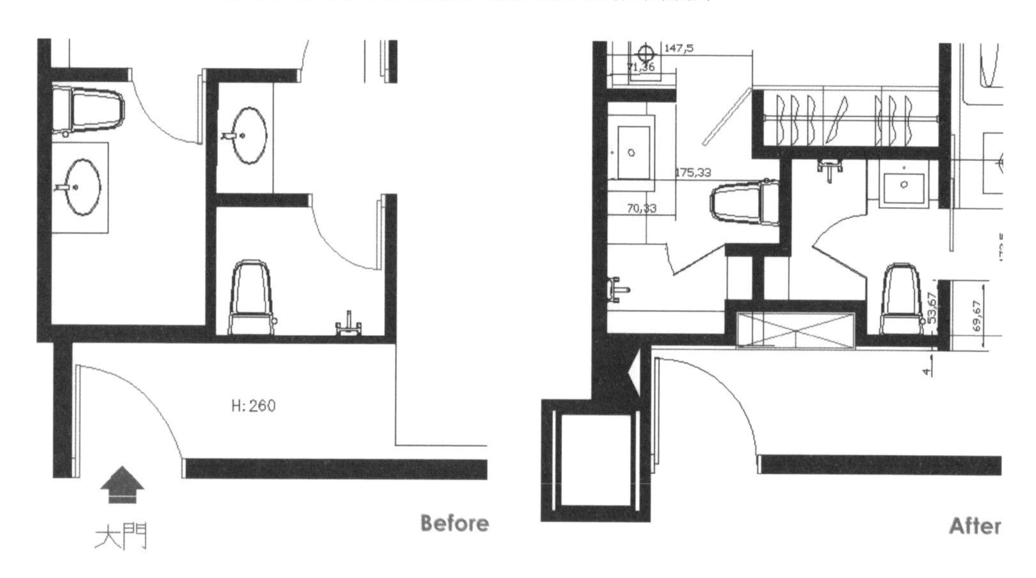

一流 POINT 地面局部拆除怎麼收尾？

拆除牆面一定會造成地磚破損，如果遇到新房子的地磚材料也不打算更換，我都會改用別的材料來修補，而且要達成合理的「視覺效果」。

巧妙運用建材特質
門框半透明黑玻保有採光及隱私

為了能掌握孩子在房間的動態，因此孩童房的門片改為黑玻，裡面有光源時，大人在客廳可以清楚看到。一旦關掉房間燈光時，則呈現一片黑暗，如同黑色大理石牆面，外面也看不見裡面的情形，形成有趣的視覺效果。

整合工法 3

「大家具」三合一
衣櫃、書桌與電視牆全部組合在一起

根據屋主需求，將空間切割成客廳及二間孩童房。對 25 坪的房子，有些擁擠，因此決定將固定家具集中在此，例如電視櫃、衣櫃、書桌及上床等，安排在電視牆後面一起施作，以符合效率及實用性。

未來在使用上，當電視牆容易因影片音效產生牆面共鳴時，電視櫃後方的衣櫃則可以將聲音及共鳴稀釋，使孩童房保持安靜，不被干擾。

A A 孩童房床
B A孩童房衣櫃
C B 孩童房書桌
D 電視櫃維修孔
E B 孩童房床鋪
F B 孩童房櫥櫃＋衣櫃，後方為廚房的冰箱

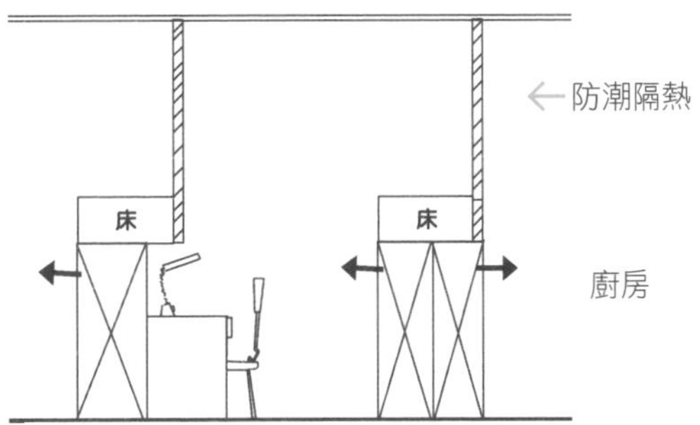

特別注意
Pay attention

隔間牆未必真的得是「牆」，有些櫃體造型也能有牆的界定區域功能，這戶的兒童房床鋪下方的收納，可以書桌結合隔壁間的櫥櫃成隔間牆面，為空間爭取更多的使用空間。

挑高空間的廚房防潮隔熱措施

很多在衛浴或廚房空間的上方，挑高空間並沒有將隔間做到頂，因此在空間規劃時，這部分必須考量進去。以本案為例，由於更動了廚房隔間，就要顧及廚房的油煙或是溼氣會進入其他房間。

一流 POINT 防潮封頂

用錫箔或防潮布等材質在中間做加強隔離，讓空間不好的氣流及水氣不會隨意進入其他空間裡。

補充教材 門·牆·櫃工法應用第一課

門框補強比較

三種開口部結構強化注意

❶ **木作補強：**開口高度超過 240 cm，就要補強門框上方，加橫角料補強

❷ **R.C. 補強法：**任何高度都要加。

❸ **不鏽鋼門框：**具防震效果，必須訂做。

木作補強

R.C. 補強

不鏽鋼門框補強

補充教材 門·牆·櫃工法應用第二課

居家常見的門設計有哪些？

關於室內設計中，因應業主的使用習慣及環境的限制，因此延伸出許多關於門的設計，例如常見的單門片、折疊門 (或叫折門)、推拉門、口袋拉門、 吊隱式拉門、隱藏門等。至於彈簧門及雙片門板開門，則較常見於商空設計，在居家較為少用。

把門跟牆面設計成一體，可以保持空間的完整性，且推拉門片推入牆內，較省動線空間。

推門

隱藏門與牆面合體 視覺、機能完整度高

❶ 門寬大約設計在 70 cm 以上，依需求可加寬至 100 cm 左右，高不超過 200 cm。

❷ 一般常用尺寸為高度 204.5 cm、寬度 70、80、90、100 cm、厚度 3.6 或 4 cm，適用於任何房間均可。

❸ 運用在廚房或衛浴，建議建材最好選擇玻璃纖維材質為佳。

❹ 要處理分割面時，以門片為基準，左右先找好對稱邊，再以手推門的位置，進行下一步線條切割。

隱藏門開啟方向多半為由外向內推開，至於左開或右開要視需求而定，一般開啟後門靠牆面為主。

拉門 口袋拉門 vs. 推拉門 可以收在牆裡不佔空間

推拉門有單扇拉門及雙扇對拉門之分，同時依拉開後放置情況，可分為明式及暗藏式（推入牆內，又稱之為「口袋拉門」）。規劃上有幾個地方要注意：

❶ 一般來說口袋拉門多為木頭材質，因此建議尺寸不宜太大，否則推動不易，以不超過 120 cm 為佳。**如果是選雙扇門的設計，建議寬度在 120 ～ 180 cm，除了方便性，也才會有大氣寬敞感！**若單一的口袋式門片過大，需計算承重量，避免五金無法負荷。

❷ 口袋式門片建議最好於門檻上設置門軌（軌），並於門扇底裝置 ，如此上用吊軌，下設門軌，更為順暢。

❸ 軌道要平滑，門才不會卡卡的，除了溝縫、角鍊本身的問題，在鋪地板時，相關工法不能省，一旦地面不平整，就會影響到拉門的順暢度。

❹ 衣櫥櫃採用口袋式拉門設計，也較能節省門片開啟空間，增加走道、動線的流暢度。

衣櫃的門片設計，就是採上下有滑軌的口袋式雙扇對拉門。

室內環境若能允許，其實運用雙開門設計，能讓空間更顯大器，又稱之為「口袋拉門」。

懸吊

懸吊式與軌道拉門 地板容易清理和維護

懸吊式軌道拉門設計，除了好整理，也不易因滑軌而對樓下製造出噪音而引來鄰居抱怨：

❶ 門的寬度若超過 150 cm 以上，需做結構加強，門片才不會晃動。

❷ 拉門五金約在 600 ～ 2 萬元不等，但玻璃拉門的軌道還需加夾片，五金都是不鏽鋼，加上玻璃很重，軌道造價較高，台灣製約在 1 萬元以下，進口的約在 1 ～ 2 萬元不等。

❸ 玻璃拉門建議選用強化材質，避免遭到撞擊發生事故，也要考慮玻璃門板載重的問題。

拉門當背板：運用活動拉門當書房椅子的背靠，少去下軌道，也使得地板清理十分方便。

懸吊式軌道拉門設計，門的寬度超過 150 cm，必須做結構加強，門片才不會晃動。

折門

用來分割大空間的折疊門 門片周圍需要留足夠密度好開合

另一種門也十分受到當代年輕人的喜歡，就是折門，又稱之為「折疊門」。一般室內大面積空間之非固定性分割均採用此種方式，門扇由數片組成，開啟後可使兩室合一，關閉時則成一道室內隔間牆。

這類的折門，其材質可以用鐵件或鋁製，但要注意使用便利及承載問題。如果折門採用鋁合金框架，門邊也有 PVC 氣密壓條，在門片間的折合處，以隱藏式強化鉸鏈鎖產生空間，避免使用者不小心夾傷。

一流 POINT

第一片要裝滑珠，
俗稱「土地公」。

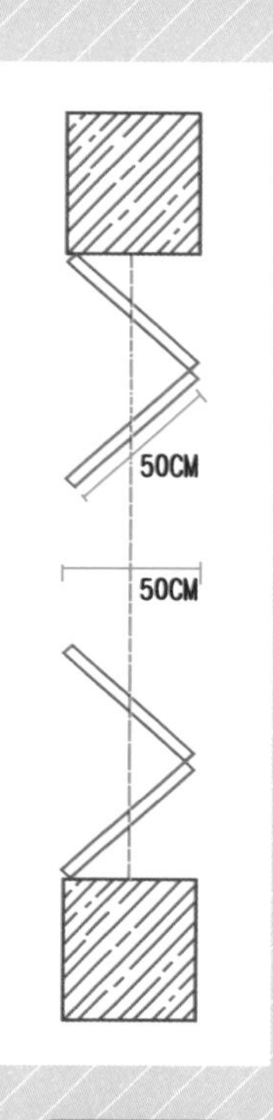

一流 POINT

折門四周要留足夠寬度

折門屬於要預留和門片同寬空間的作法，周圍不能有遮擋物。

各種室內所需出入門的尺寸

下列是室內設計會運用到的門的尺寸，但這裡只是符合一般東方人的體態而定，但是設計師可以依屋主的需求體型做調整及修正，注意所有設計應回歸居住者的需求。

<table>
<tr><th colspan="2">門的種類</th><th>尺寸</th><th>設計施工注意事項</th></tr>
<tr><td rowspan="3">大門</td><td>單開門</td><td>寬 95 ～ 1200 mm
高 2050 mm
框厚 40 ～ 110 mm</td><td>❶ 在裝置時要先查看門框裝置的精確度，假如門框有任何方向的偏差都要在裝置門前校正完成。</td></tr>
<tr><td>子母門</td><td>寬 1200 ～ 1320 mm
高 2050 ～ 2180 mm
框厚 40 ～ 110 mm</td><td>❷ 子母門的安裝流程，是先裝子門，再安裝置母門。因此安裝子門時要記得預留母門的寬度和縫隙。</td></tr>
<tr><td>雙開門</td><td>2000 ～ 4000 mm
高 2050 ～ 2180 mm
框厚 40 ～ 110 mm</td><td>❸ 安裝大門鋼板門片時，不要急著把全部的螺絲全上鎖緊，可以先掛一、兩個螺絲，以方便調整子母門的內外、左右、高度，等調整完後再鎖緊。
❹ 框厚若為 40 mm 為無防盜功能。因為有防盜門功能設計的產品顯然要比一般門厚實很多。
❺ 門框鋼板的厚度應大於 2 mm，門體鋼板厚度大於 1 mm，門體厚度大於 20 mm，門體重量大於 40 kg。
❻ 拆下貓眼、門鈴盒或鎖把手等方式可以對門體內部結構進行檢查。門體內有數根加強鋼筋，門內最好有防火、保溫、隔音功能的材料作為填充物。</td></tr>
<tr><td rowspan="3">廚房門</td><td>單開門</td><td>寬 700 ～ 800 mm
高 2000 mm</td><td rowspan="3">❶ 在設計廚房門的寬度，最好先確定冰箱尺寸，以免設計了門，冰箱無法進入。
❷ 一般冰箱及家電的尺寸為 600 mm，但雙門冰箱不在此範圍內。</td></tr>
<tr><td>單扇拉門</td><td>寬 700 ～ 800 mm
高 2000 mm</td></tr>
<tr><td>雙扇拉門</td><td>寬 1400mm、1800 mm、2000 mm
高 2000 mm</td></tr>
</table>

6 門·牆·櫃

各種室內所需出入門的尺寸

衛浴門	標準門	寬 850 mm 高 2000 mm， 但 最小只能做到寬度 60 ～ 750 mm×1880 mm（最低高度）。	❶ 若衛浴無乾溼分離，建議門板材質最好選用防水材，如塑料類。 ❷ 為視覺效果，衛浴門多改為隱藏式，因此實際門片大小仍以現場實際需求而定。 ❸ 有輪椅需求：寬 120 cm 的拉門
臥室門	標準門	寬 700、800、900 mm 高 2000 mm	❶ 門的設計要顧及家具的進駐，好比床及桌子的寬度，以免未來家具無法搬入。 ❷ 臥室房間高度一般不低於 2000 mm，但不宜超過 2400 mm 看起來比例不對。除非設計上考量，也有人做直立式到頂設計。
	非標準門（含門框）	寬 860 mm 高 2300 mm	

玻璃折疊拉門須留意載重問題，選擇合適的五金軌道配件。

補充教材 門·牆·櫃工法應用第三課

減少家中噪音的方法

噪音是居住在城市中的集合式住宅無可避免的問題，差別只是大小聲而已。居家的噪音來源有幾個：

❶ 鄰馬路的車水馬龍噪音

❷ 樓下餐廳的設備聲音或交談聲

❸ 樓上行走影響樓下

❹ 緊臨琴室或音響室

❺ 家人走來走去無法入睡

基本上，針對「鄰馬路的車水馬龍噪音」，以及「樓下餐廳的設備聲音或交談聲」在之前的窗戶及採光通風篇，已建議可以透過雙層氣密窗及空氣交換器協助處理。同時，不要將床等需要安靜的場域設計在臨近窗邊，以免受到影響。

至於其他，可以透過一些裝修方法的確可以減少家中噪音的干擾。

但要先強調一下：除非徹底根絕噪音來源，例如樓下餐廳搬走、不再使用抽油煙機、搬離馬路旁等等，否則即使做再完善的隔音設備，也只是減少噪音侵入，不代表完全沒有。因此除非把家做得像專業錄音室，不然生活在都市，多多少少要跟噪音共處 。

隔音棉

怕樓上走動影響 運用天花板隔音

最種常發生在樓地板不厚的中古屋，但在不能選擇樓上鄰居的情況下，如何做到家裡也不受樓上行走或搬運的噪音影響，其實運用天花板加隔音棉是最簡單又有效的工法。

若怕在自家行走時會影響樓下鄰居安寧，運用地毯、家具桌椅要貼防滑貼、穿室內拖鞋等都是好方法。

布類

緊臨琴室或音響室 蛇型簾 + 地毯

如果業主家中有琴室或音響室的需求時，我的考量會較周全，例如：琴室與音響室的規劃，其器材貼壁面後側最好不是別人家的房間，同時室內會多選擇吸音材質，如規劃高泡棉隔音吸音牆等等。

一流 POINT　離牆 10 ～ 20 cm

若屋主對於琴室及音響室的視聽要求不高，也可以用隔音的蛇線簾及地毯取代，同時鋼琴及喇叭最好不要緊貼牆面放置，最好相距 10 ～ 20 cm 以上，以免對牆面產生共鳴傳導，雖然這些做法無法百分百隔離噪音，但也可隔絕一定音量或音頻。

公私有別

家人走來走去無法入睡 實牆＋衣櫃隔間

不可否認，即使住在同一個家裡，有些人對於聲音容忍度十分小，睡覺時有人說話或走動就完全不能接受。若遇到這樣的屋主，我在規劃空間設計時，會十分重視隔音效果。若空間夠大的話，將公私領域畫分開來，也可以大大減少噪音干擾。

一流 POINT

❶ 首先是隔間牆面盡量使用實心磚牆。
❷ 同時，會將床規劃在遠離走道那一側，
❸ 中間用衣櫃區隔，以杜絕公共空間的聲音傳遞。
❹ 同時會在門邊施作隔音條，讓聲音不容易透過細隙進來，保持房間的寧靜。

1 — 門邊加裝隔音條。
2 — 將公私領域畫分開來，也可以減少噪音干擾。
3 — 實牆搭配衣櫃以杜絕公共空間的聲音傳遞。
4 — 加一道拉門，分隔開公私領域。

補充教材 門·牆·櫃工法應用第四課

系統家具替代隔間結構

系統家具進化速度快，除了板材安全，表材變化與結構一直在進步，所以我盡量勸屋主，未必一定要全走傳統木作，兩者可結合使用。

兩面櫃 當作隔間與櫃體雙用

玄關一進來就是廚房，是近年來多見的格局，加上屋主希望廚房必須能關閉，我利用系統櫃的組合特性，以 L 型做玄關與餐廳兩面運用，餐廳面再加一道立櫃後，中間便能以很少的木工加上拉門，讓施工期可以縮短。

懸空櫃　注意補強承重即可

不管是電視櫃、玄關隔屏、或是長排玄關櫃，都可以懸空製作以減輕視覺感，下方可以安排燈光。只是電視櫃的下方必須增加補強，因為，人們看到電視櫃就會忍不住坐上去， 因此一定要事先注意。

將玄關屏風改為懸吊的櫃體，讓視覺不會太過沉重，也方便清理。也可以下方裝燈帶，更有讓空間輕盈的視覺效果。

應用　小坪數的巧妙法寶

小坪數的屋主通常預算已經不高，卻偏偏要量身訂做才能安裝一家子的物品。系統家具便是可以利用的元件，抽板做用餐小枱，系統板材還能做成樓梯，通往上方可運用的空間。

造型訂製　因應特殊需求 連神明桌也能系統家具化

系統家具運用彈性大，可根據需求量身訂做，板材裁切幾何造型，拼組收納櫃面板。

更曾幫業主家中的神明桌，用系統家具呈現，下方櫃體是收納儲藏空間，祭拜用的桌板則做成拉抽，只是拉抽屬於騰空概念，面積不宜過大以免支撐力不足，另外得計算好載重量，選擇合適五金支撐。

神明桌系統化。

收納櫃門片幾何造型。

補充教材 門·牆·櫃工法應用第五課

安裝系統家具 3 大注意要點

規劃合宜系統家具，設計師一定要比屋主想得更遠、更多。像是抽屜只能放 3 kg 重物，我會強化好可放滿 5 kg 結構，對於載重、整體結構要一清二楚選擇搭配對的五金，不然實際成品怕也是不堪用。

厚度

檯面厚度至少 25 mm
一般系統櫃只有 18 mm

系統櫃設計之前，定要詢問用途，避免載重預估有誤，影響品質與使用壽命。一般常規系統板厚度是 18 mm，如果要當書架（櫃）放 整排厚重書籍，建議層板至少加厚到 25 mm，或者內嵌鋼條強化支撐力。如果要當作檯面，像是書桌、電視櫃等，我會抓 25 mm 甚至更高。

一流 POINT

木心板、塑合板、密底板、發泡板

我選的板材都是符合綠能規章 F1 等級，是用實木壓縮製成，較為紮實，不像 MDF 塑合板用碎木纖維，密度不足，使用久了，容易彎曲變形。

結構加強 量體愈大結構要強化 嵌鋼條、擋板增加支撐力

系統櫃桶身量體、面積愈大，結構計算得要夠穩，不然支撐載重力不足，很容易垮掉，尤其系統家具離地愈遠愈會發生。最常見的支撐法：

❶ **長度強化**：用於檯面的系統板超過 40 x 80 cm 長寬，對應的支撐點不足，受引力影響，久了會軟化，可用 25 mm 或 50 mm 厚板強化結構力，還可在板材中央下方追加擋板支撐。

❷ **支撐強化**：系統離地懸空 120 到 150 cm 高，如上下鋪床設計的檯面板材，建議用 1 至 2 根鋼條加強支撐作用。

❸ **積木結構計算**：T 字形系統家具設計，留意組成結構，單拆兩個一字排列，中心點容易不穩，若將一字長型結構面拆成兩個短一，搭配另一個結構體，平衡穩固度大幅增加。

五金搭配　預估抽屜載重量要提高 選配相對五金滑軌避免拉抽卡卡

系統櫃設計的基本要件是要能好拉抽，所以設計師沒計算好載重條件，系統家具很容易出包。我的經驗是屋主習慣裝好裝滿，明告知容量只能夠的下 3 kg，卻能塞到超載，導致抽屜櫃拉不出來甚至下陷。所以我寧願一開始拉高預設條件。而為滿足「高乘載」，鑲嵌系統櫃的五金配件，也要跟著計算重量升級：

❶ **滑軌載重限制：**根據尺寸大小和承重量選合適配件。常用的 blum 五金品牌，光是滑軌零件，標準長度就有 25、30、 35、...... 以 5 cm 為級距，最高達 60 cm 等款式。若抽屜軌道過短，抽屜反而拉不出來。

❷ **擋板鋼條的再補強：**抽屜面超過 80 cm 長寬，定要再加裝 25 mm 擋板支柱，或是加鋼條來補足大抽屜櫃的結構支撐力。

一流 POINT

超大尺寸床安裝大抽屜收納，抽屜櫃輔助結構支撐

為避免大尺寸床板面積過大彎曲變形，考慮是貼地型設計，可用切割的四大抽屜櫃來輔助床板的十字結構，增加耐用。

所謂的「安規」，就是安全標準規格，安規對製造的設備（如冷氣機或暖風機等）與零件（板材或水電管子）有明確的陳述和指導，以提供具有安全與高品質的產品給最終使用者。其主要目的是防止有漏電、過熱導致火災、輻射及化學傷害等導致人體造成傷害的危險發生。

雖然全世界國家各自都有一套標準去檢核安全標準，例如美國的「ANSI-UL」、加拿大 SCC 認可實驗室都採用的「CSA」標準、歐洲的「EN-CE」標準，以及全世界各國都採用的 IEC 國際標準等等，當然台灣所生產製造的產品，就必須符合經濟部國際標準局要求的「CNS」檢核標準，即使是國際進口的產品也必須符合。

我一直以「綠好宅」在設計房子。，早在 20 年前，便落實環保精神，積極提倡及推廣全室使用由國家或政府合格的綠建築環保標章的材料或產品，無論是天、地、壁所使用的所有材料或塗料，甚至是採購的家具或設備，均透過環保標章設定的規範機制去執行，將「健康」視為居家設計的必要主張。每個階段監工更全開放讓屋主自由檢視，使其安心與放心，以致最後的收尾交屋，務必讓品質確實到位，才是最佳設計。

CHAPTER 7

安規·驗收

空間裝修設計時，若是材料的取得，使用不符合安規的產品，不但容易造成未來使用上的損壞，還會危害到居住的生命安全或健康危機。而整個施工品質沒做好，工序沒做到位，也是會影響住家品質。

- 過敏、生病不斷
- 潮濕導致甲醛揮發
- 膠合劑、板材不良
- 階段工程、交屋驗收

過多甲醛、管線太舊
影響健康與居住安全

全面使用綠建材等級的系統家具，
收納便利、洗澡終於不再濕答答

- **建築結構：45 坪，30 年電梯大樓**
- **機能增加：乾溼分離浴室、收納整合，增設暖風機、管路重做**
- **基礎工程：木作重做，改門向、浴室乾濕分離、水電管線全面更新**
- **安規建材：彩繪玻璃、烤漆、F1 環保建材、系統櫥櫃、拋光石英磚、立邦漆、大金空調**

這間位於台北市中心、高達 30 多年的房子，明明有 45 坪，原來的四間房都還有對外窗，樑柱也不多，但是眼前空間卻倍感壓迫，滿滿舊式木作裝潢，和屋主夫妻細談，發現他們長期身體不健康，時常過敏生病，原來部分原因來自舊裝潢過多的甲醛，以及設計錯誤導致通風不良，室內潮濕產生嚴重的壁癌，兩間浴室沒有對外窗，甚至連淋浴的地方都沒有，而且為了收納，連天花板都做收納櫃，壓低高度，所有收進去的東西，根本再也不會拿出來。

在檢視整體屋況後，同時發現房子還有嚴重的外牆龜裂、壁癌、管線不符合安規、電源不足等等，都是亟欲解決的基礎工程問題，我的提案目標就是，協助規劃整理，全面要求使用綠建材，以及擁有環保標章的設備，還給他們健康生活環境。

搶救→ 全面整合收納與浴室，變身環保健康無毒家

搶救→ 移動兩個房門、兩個面盆，讓使用空間順暢起來

搶救→ 綠建材主牆櫃，連結成餐廳櫃與電視櫃

1、2—原始屋況的餐廳區域，位在廚房旁，卡住廚房門口動線，又被裝潢包覆得密不風，我首先將客廳與餐廳的主牆設計在一起，大門玄關做一道屏風遮擋，規劃出流暢動線及寧靜舒適的用餐意象。

Before 改造前

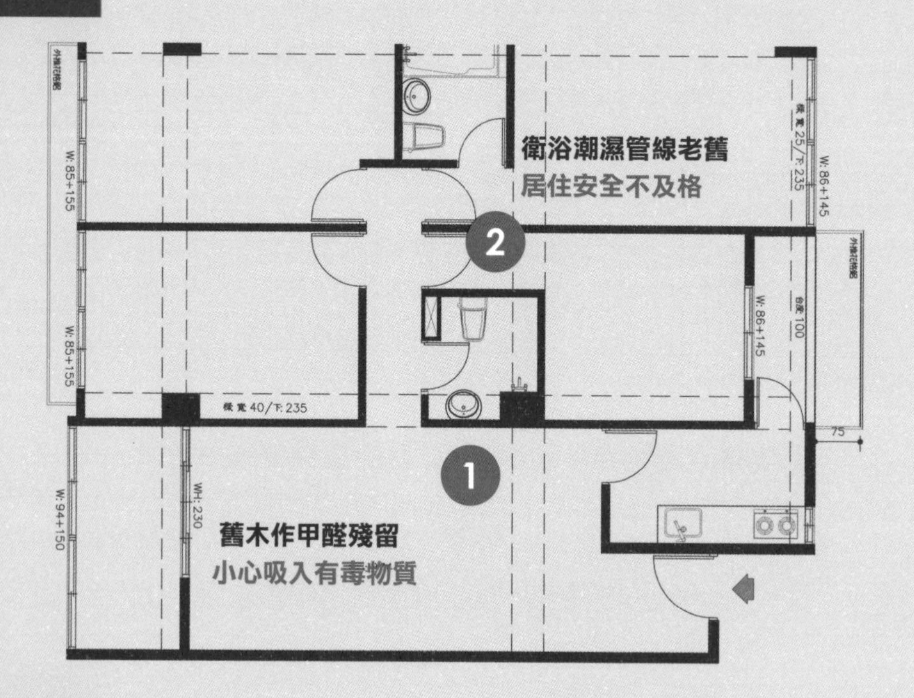

After 改造後

① 舊木作甲醛殘留 小心吸入有毒物質

→ 全面更新櫥櫃，拆掉含有甲醛的木作系統櫃，改用環保綠建材，減少有機揮發物質殘留機率。新收納櫃設計沿牆線隱藏式設計，不做拿不到或拿取不方便的櫥櫃。

② 衛浴潮濕管線老舊 居住安全不及格

→ 衛浴剛好就在房子中心地帶，但無對外窗，是個封閉型空間，導致空氣沒有的對流，因此將面盆轉向，安裝四合一暖風設備，做到浴室乾濕分離，保持乾燥。

30 多年屋齡的老房子全面更新管線，避免電線走火，冷熱水管也全更換，好符合現在的水壓和水流量需求。

處理要點 1

舊木作甲醛殘留 小心吸入有毒物質

Deep Learning

有鑑於之前的裝潢，木作太多，形成空間的壓迫感外，過多的甲醛也造成家人的身體不適，因此先拆除過多的木作裝潢，包括天、地、壁，讓空間釋放出來，再依空間的特色及居住者的需求，規劃適當的樹櫃及風格營造。

全室使用綠建材合格建材

收納工法 1

多功能收納
不做「拿取不方便」的櫥櫃

櫥櫃過多，未必能滿足收納機能，它可能壓迫到空間的視野及生活機能。因此建議全面拆除，並連同天花及地板也一拆除，把空間釋放出來。再依使用者的實際需求，規劃空間的櫥櫃及格局。

一流 POINT　沿著牆做主收納

在收納櫥櫃上，皆依著牆線以隱藏方式設計，更結合多種機能，滿足收納，又不影響動線。

1 — 結合化妝台的床頭櫥櫃設計，解決壓樑問題，也增加使用坪效。
2 — 保留原始的大窗景，把書牆及書桌結合，創造空間的多重機能。

建材工法 2

使用 F1 以上等級
建材用料與設備符合健康標準

顧及家人的身體健康，除了全室包括漆料到天、地、壁材等都使用符合政府要求的綠建築環保標章建材外，在設備上也使用醫療等級的配備，讓整個居家空間展現出舒適、優雅而健康的生活。

處理要點 2

廚衛潮溼管線老舊 居住安全不及格

Deep Learning

原本的廚房及衛浴無外窗，通風及採光均不佳，因此容易長霉，且太過潮溼，造成居住上的危險。再者，原始衛浴不僅不能淋浴，收納機能也不足，而且打開牆壁時，發現電線都沒有套管，直接埋牆壁，在安全上有顧慮，因此重新規劃後，建議管線全部更換，並安裝四合一設備，讓空間保持乾燥。

管線更新並拉高用電安培數

加裝 CD 硬管、電線更新到 2.0

由於超過 30 年以上的老房子，拆除後發現電線未裝 CD 管，而是直接埋入牆面，容易引起電線走火問題。因此為顧及未來的居住安全及使用便利，連同水電等管線全部更新，像是水管由原本的鐵管改為符合政府規定的塑膠管及不鏽鋼管，電線則將安培數拉高外，也全面更新為 2.0 以上的等級。

冷熱水電也全面更新，以符合現在水壓及水流量。

一流 POINT

電線全面更新，並在總開關處註明每個空間所使用的迴路及負責的電容開關。

乾溼分離 + 懸吊式浴櫃
衛浴安裝四合一設備
保持空間乾燥

原本衛浴空間沒有淋浴區，加上是密閉空間，潮濕又長霉，收納機能也不足，因此把面盆轉個方向，完成了乾溼分離的空間機制；安裝四合一的暖風設備，一可以讓衛浴保持乾燥、防臭、暖房。並於洗手枱上下方設置懸吊式浴櫃，滿足使用者的洗澡淋浴及收納需求。

一流 POINT 把面積留在中心點，就變出淋浴區

我只做了兩個小改動，兩間浴室都可以有淋浴區，觀念很簡單，就是把「人活動的面積留在中心點」就足夠。

❶ 公共浴室：改成拉門，移動面盆。

❷ 主臥衛浴：移動面盆。

補充教材 安規驗收第一課

如何檢視建材有符合國家規定

要完成一個居家設計，需要許多建材的組合才行，稱之為「基本材料」。

❶ **建材產品**：只要符合國家 CNS 檢驗規定，獲得檢驗合格證書，即可貼在產品外觀上。

❷ **CNS 製造工廠標準**：「CNS」的商品合格標章標記，並在市面上販售流通，例如電線、水管、 熱水器等等。

而且要通過正字標記的驗證，廠商所生產製造的產品品質必需符合我國國家標準，且其生產製造工廠採用之品質管理系統，亦符合標準檢驗局指定品管制度，目前為國家標準 CNS12681（ISO 9001）品質保證制度。

如果在市面上的商品若沒看到「CNS 標記」時，就要小心是否有可能來自大陸及東南亞進口的含甲醛量過高危害人體的黑心建材。

CNS 商品品質認證制度
看標章圖示及編號辨真偽

關於建材的合格標章很多種類，因此要先弄懂各個代表的意義。首先是 CNS，指的是「商品品質認證制度」。

❶ **圖像標章：**當廠商的品質管理合乎國際規範，而且產品符合中華民國的國家標準時，可檢具相關證明書類向標準檢驗局申請正字標記的核發，經審查核准後，廠商便可在其產品上註記正字標記及證書字號。因此有標註「CNS」正字標記的商品代表著其品質經過審查且符合中華民國的國家標準。

❷ **經濟部標章：**其次是「商品安全標章」，為維護商品品質，保障消費大眾安全，凡是由經濟部標準檢驗局公告為強制檢驗的商品，無論國內製造或國外進口，均須經過經濟部標準檢驗局檢驗合格，貼上「商品安全標章」，才能在市面上販售，並要求必須把流水編碼印制在下方以茲查詢。

查詢

透過標準局網站查詢
輸入商品編號確認是否為合格建材

想要查手邊的商品或建材是否符合國家標準，可以進入經濟部標準局網站（www.bsmi.gov.tw）查詢是否為商品品質認證制度合格的建材。至於是 CNS 或商品安全標章，哪個才有品質保證，其實無法一概而論，因為進口產品，一般只會申請商品安全標章，而不會有 CNS，因此建議兩者一起查詢會比較可靠。

還有什麼檢驗標章？

另外，除了上述兩者國內關於建材類的合格檢驗標章外，還有一個經過標準檢驗局檢定合格的度量衡器標章，像是水表、電表、瓦斯表等等，會在器具上面貼上這樣一張檢定合格單，度量衡器如果沒有這一張合格單，是不可以使用的。

7 安規．驗收

補充教材 安規驗收第二課

從國家標準→綠建材標準

近年來，環保意識抬頭，因此內政部建築研究所開始推動的「綠建材標章」制度，以便管制建材常見的逸散甲醛等「毒氣」的問題，限制室內裝潢的常用建材，讓其有機揮發物質的逸散量不得超出一定的標準，以確保居住者的健康。而「綠建材環保標章」的取得，往往必須建構在 CNS 及商品安全標章之上，因此其檢測條件的確較為嚴格，建材品質也較有保障。

尤其室內裝潢建材在製造過程中，為了性能考量，經常在例如裝潢板材、黏著劑、塗料、混凝土、塑料製品及家具等之中，添加各種化學物質以達到硬化、膠合及防腐等作用，以致房屋裝修完成後，這些化學物質會隨著時間和溫度變化，大量地逸散在空氣中。由於台灣地處溫溼度高之亞熱帶氣候區，容易造成揮發性有機物（TVOC）逸散，接觸或吸入的機率大大提升。

如果室內採用的是低逸散或零逸散揮發性有機物質的建材，健康就多一層保障。此外，取得綠建材標章的建材除了訴求健康之外，是否以再生材料製成、是否具有透水與隔熱等高性能的環保功能，也是評估的重點。

綠建材證明需要額外收錢嗎？不用。

若是有廠商或設計師説出示綠建材證明要額外收錢，那麼建議你最好找其他家再問看看。

但就我的設計經驗，一般合格且有良心的建材廠商很樂意出示由國家認同的綠建材合格證明書（證明書上會有像房子符號的認證標章），若不放心也可以去營建署的「財團法人台灣建築中心」（www.tabc.org.tw）查詢相關資訊。

低逸散健康綠建材評定基準

評定項目	指標性污染物	性能水準（逸散速率）	說明
地板類、牆壁類、天花板、填縫劑與油灰類、塗料類、接著（合）劑、門窗類（單一材料）	甲醛（HCHO）	＜ 0.08 mg / m²・hr	建材樣本置於環控箱中試驗其逸散量，量測甲醛 / 總揮發性有機物質濃度達穩定狀態時之逸散速率。
	總揮發性有機物質（TVOC）	＜ 0.19 mg / m²・hr	

「低逸散健康綠建材標章」分級說明

等級	逸散分級	TVOC（BTEX）及甲醛逸散速率
高	E1 逸散	TVOC 及甲醛均≦ 0.005（mg/m²・hr）
中	E2 逸散	0.005 ＜ TVOC ≦ 0.1（mg/m²・hr）或 0.005 ＜甲醛≦ 0.02（mg/m²・hr）
基本	E3 逸散	0.1 ＜ TVOC ≦ 0.19（mg/m²・hr）且 0.02 ＜ 甲醛 ≦ 0.08（mg/m²・hr）

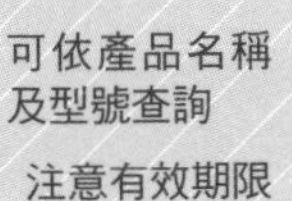

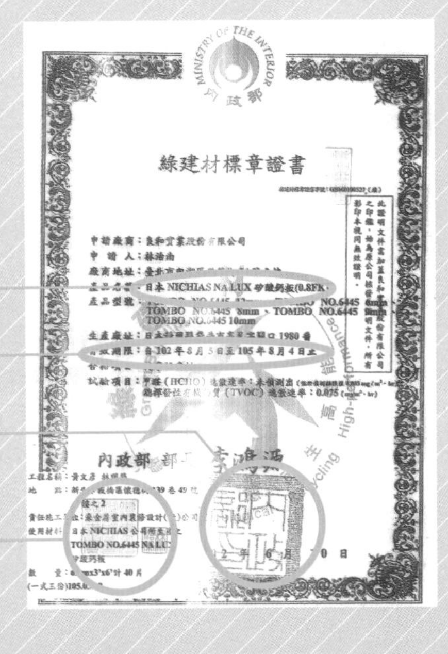

證明書

直接請廠商出示證明書
出廠證明、商品檢驗證明、綠建材

想要知道自己家裡所採購的建材是否為綠建材，最快的方式就是直接請廠商出示證明。包括出廠證明、商品檢驗證明、綠建材。

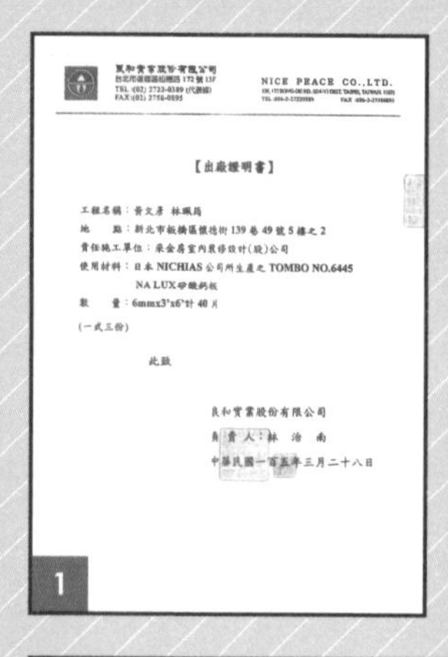

良和實業股份有限公司 NICE PEACE CO.,LTD.
TEL:(02) 2722-0389 (代表號)
FAX:(02) 2756-0895

【出廠證明書】

工程名稱：黃文彥 林珮爲
地　　點：新北市板橋區懷德街139巷49號5樓之2
責任施工單位：采金房室內裝修設計(股)公司
使用材料：日本NICHIAS公司所生產之TOMBO NO.6445
NA LUX矽酸鈣板
數　　量：6mmx3'x6'計40片
(一式三份)

此致

良和實業股份有限公司
負責人：林治南
中華民國一百五年三月二十八日

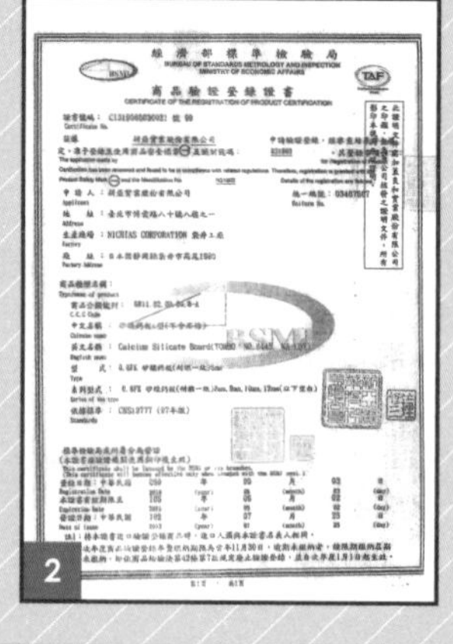

經濟部標準檢驗局
BUREAU OF STANDARDS, METROLOGY AND INSPECTION
商品驗證登錄證書

內政部
綠建材標章證書

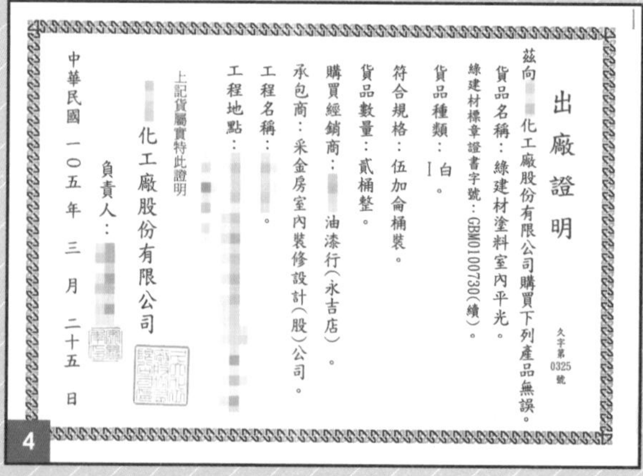

出廠證明

久字第0325號

茲向[illegible]化工廠股份有限公司購買下列產品無誤。
貨品名稱：綠建材塗料室內平光。
綠建材標章證書字號：GBM0100730(續)。
貨品種類：Ⅰ白。
符合規格：伍加侖桶裝。
貨品數量：貳桶整。
購買經銷商：[illegible]油漆行(永吉店)。
承包商：采金房室內裝修設計(股)公司。
工程名稱：[illegible]。
工程地點：[illegible]

上記貨屬實特此證明

[illegible]化工廠股份有限公司
負責人：[illegible]

中華民國一〇五年三月二十五日

內政部
綠建材標章證書
內政部 部長 陳威仁

1 — 矽酸鈣板的出廠證明。
2 — 由國家頒發的商品驗證登錄證書。
3 — 綠建材標章證明書。
4 — 塗料類的出廠證明及綠建材證明書。

補充教材 安規驗收第三課

known how

F1建材，CP值高 一才才多30～40元

安全健康的價格並不如一般人想像中的昂貴，以F3升級至F1建材，以一才才多30～40元，全戶才多大約3～4萬元，卻可以買到全家人的健康，以CP值來說十分值得。

合格的矽酸鈣板上標註耐燃一級的說明、製作國家及公司。

因此即使居住者不說，我都會自動建議使用有綠建材合格證明的材料，包括都用F1板材、角材、環保漆等等，並在完工後，主動附上廠商出示的綠建材證明書，以茲負責。畢竟一個房子最少居住5年，最多也要居住10～20年以上，因此除了確保環境的採光通風，安全及健康更是我們重視的目標。因為做設計的人，要本著這是個良心事業，應該希望你的客戶愈住愈好才對。

補充教材 安規驗收第四課

有綠建材也要有低逸散的膠合劑

我的工程都以一定的標準施工，因此可以保證品質。依我自己的標準，不只建材，連同油漆及膠合物也要符合規定。包括全部使用低逸散的AB膠。

所謂的AB膠指的就是混合2種溶劑， 變性環氧樹脂和硬化劑，能產生化學反應（聚合作用），而凝固成一個堅硬固體，產生膠合力，適用在金屬、鋁、陶瓷、石材、木材等各種材料接著劑。

補充教材 安規驗收第五課

階段性驗收確保品質到位

裝修驗收，基本分成兩大項，階段性工程驗收和交屋的收尾驗收。早期資訊較封閉時，屋主多將重心放在交屋，房子裝修得漂亮，使用起來無疑即可，但隨著知識爆炸傳遞世代變化，屋主其實頗樂意參與整個裝修過程，甚至想知道更多細節，也因為想了解更多，聽到不少裝修糾紛就是起於資訊分享的不平等。

為了保護雙方權益，階段性工程的紀錄變得格外重要：

❶ **確保工程不出錯：**可來回查證師傅們施工和工法運用有無缺失之處，好及時提出更正修補，不要弄到最後要交屋時，才驚覺有誤，變得要重敲結構再來一回。

❷ **保障雙方權益：**設計師們可以有所據，找出糾紛癥結點，誰要負責，一清二楚。屋主們也可放心自己的房子是否「健康長大」，未來好住得長久，不會一年到頭問題層出不窮。

不過階段驗收要與屋主分享多少，每個設計師做法不盡相同，我的方式是將每階段過程放在雲端，全公開讓屋主從頭到尾看得到。而工程驗收要注意的細節頗多，礙於篇幅有限，在這裡僅標記幾大要點供大家參考。

驗收不能只看表面，工程每到一階段，設計師必須確認無疑，才可進行下一階段。

材料點收 確認建材標示及說明是否符合當初簽約要求

每進行一項工程前，師傅點收建材物料，同步讓屋主確認是否為當初簽約指定挑選無誤，才可進行工程。從尺寸到數量、顏色、型號、品牌，檢查有無綠建材標章的，除了看證明外，最直接的就是看材料上是否有 F1 或 F3 等級的戳印標示。

建材點收

合格板材會在側邊註明是否為 CNS 合格材料及 F1 等級的板材。

設備點收

選購的器具設備，記得讓屋主確認設備外包裝有無毀損，避免日後爭議。但有些配備涉及安裝後發現問題，要重複拆卸，會工程浩大，所以正式安裝前，會有一道檢測手續。好比浴缸，會先放水測試有無漏水，沒問題了，才會正式砌缸。

選材貼心叮嚀

提醒消費者選購及使用木製板材商品時應注意下列事項：

❶ 應購買有貼附「商品檢驗標記」之商品。

❷ 選購時請檢視廠商名稱、地址、製造年月日或批號，及甲醛釋出量符號是否標示清楚，甲醛釋出量符號為 F1、F2、或 F3 之任一種標示，3 種符號中，阿拉伯數字愈小表示甲醛釋出量愈少，也就是 F1 比 F3 更好。（F0 為醫療等級）

泥作驗收

砌磚要求整平度
有洩水坡度和防水一定要先測試

壁面整平和貼磚是泥作工程重要內容，隔間磚牆有沒有傾斜，壁磚地磚有無切齊中心點，平整度夠了嗎？縫隙接邊有無大小不一，壁面的陽角收邊處理顧及美觀之餘，沒有形成傷人尖銳面更是驗收要注意項目。

而在浴室，泥作留意的細節更多，除了上述步驟，還得確認洩水坡度有沒做對，而防水工程後，試水步驟更不能少，因為沒試水是不會知道防水到底做得夠不夠徹底，否則磚一貼上，發現漏水，磚可是要重拆，過程得重來。

花色確認

針對特殊圖案訂製的大理石貼花，要比對花紋設計與顏色有無按圖施工，同時留意平整度。

防水洩水測試

檢測洩水坡度，避免水回流堆積，浴室防水層一定要先試水才能貼磚。浴室正式砌缸封住前，也要確認浴缸排放水有沒有漏水。

插座位置與迴路容電量要夠且預留擴充 水管線路走位記得加測水壓

水電埋管媲美人體血管，專門輸送基本民生需求（水和電）供給到房子四周，管線配置的大前提便是要能預留日後擴充使用，基本檢測評估如下：

❶ 水壓、電壓都要進行測試，電路要確認迴路、容電量是否充足；加壓馬達運作下，水管線路有無爆管可能、送水量是否過少，均須留意。

❷ 廚房家電多元，用電量配給和插座數要足夠，位置也要一併考慮，符合人體工學和使用者生活習慣。

❸ 水電管線走地坪，電路會在最底，上面才會是排給水管線，這是為了日後方便維修。

幹管確認

水閥幹管主開關區，記得要預留維修孔。

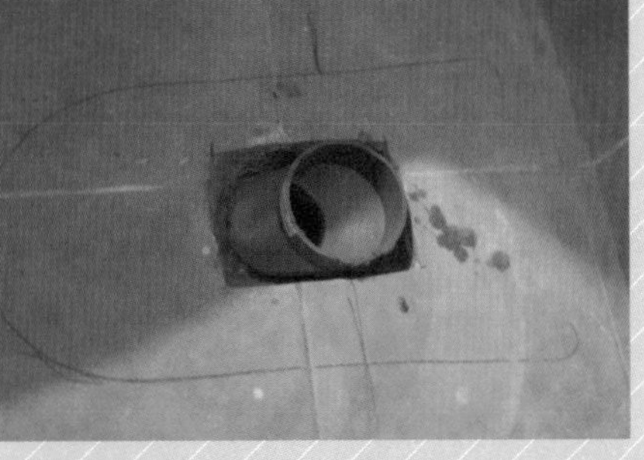

口徑確認

馬桶安裝時，留意糞管口徑尺寸以及預留的管線高度至少 2 cm 以利安裝，如切太短，密合度容易出問題。

出水口加蓋

地排加蓋

工地排水保護

工地是否對排水口進行保護，即用塑膠蓋或硬紙套住，以免未來在施工時，特別是在泥作或廚衛貼瓷磚期間，最容易造成水泥落入排水口導致堵塞。

補充教材 安規驗收第六課

交屋驗收做最後收尾調整

曾遇過要交屋驗收時，緊張型屋主拿著榔頭四處敲磚檢查泥作，說是上網查資料，看坊間裝修工具書得來的訊息，殊不知那鐵製榔頭敲磚可是會將磁磚敲碎。許多人驗收時只知其一不知其二，徒增後續紛擾糾紛。裝修過程如果確實做到階段驗收，來到最後的交屋驗收，相對事半功倍許多，我們只要著重在收邊細節處理，確保使用的設備、五金配件等可以順利操作，即可讓屋主擁有健康舒適之家。

❶ 踢腳板、角落縫隙收邊，油漆髒污、填縫的矽利康等是否有妥善處理乾淨。

❷ 設天花板木作釘板的縫隙要確切披土補縫等風乾後，再上漆，不然披土劣化，天花板像有龜裂，品質堪慮。

❸ 有五金軌道抽屜的，一定要試拉幾回，確認開闔不成問題。

❹ 檢查廚房、衛浴間每個排水口是否通暢，如果排水緩慢應及時反應。

❺ 各種設備再檢測，例如空調運作是否正常，相關的排水管線處理有無問題。

只要有用到軌道、五金零件，建議每樣都要開關幾回，確保運作不卡卡。

結語

永遠別忘一分錢一分貨的道理

很多人都被媒體誤導了，以為在報章媒體或網路上聽來的建議，就表示施工一定要這麼做，否則就是自己虧到。其實並不然，我只能說專業師傅工施有其一定的流程跟規則，為了自己的商譽是不敢隨便亂來，除非是找打零工且無施工經驗證明的人。

如果屋主要自己找工班發包，一定要找有超過 10 場完整施工經驗的工頭或工程公司對自己比較有保障。而自己出來開業的設計師，也最好找有配合過的工班合作，才不易陷入發包無法完成的窘境。

另外，也要澄清一個迷思，就是任何施工工法沒有絕對的，這取決於：

更何況現在科技發達，無時無刻都有新的環保產品出現，並取代舊時產品，其功能更好用，例如防潮防菌的鈴鹿陶砂環保材質等等，好建材對健康更重要，才是屋主與設計師更要關注的。

防潮防菌的鈴鹿陶砂環保材質。

Note. ______________

全面升級！
最佳裝修一流工法

作者　林良穗
總經理暨總編輯　李亦榛
特助　鄭澤琪
主編　張艾湘
協力編輯　李寶怡
主編暨視覺構成　古杰
內頁設計　閃閃個人工作室

全面升級！最佳裝修一流工法 / 林良穗著 . -- 初版 . --
臺北市：風和文創事業有限公司 , 2021.08
面；公分
ISBN 978-986-06006-6-7 (平裝)
1. 房屋建築 2. 施工管理 3. 室內設計
441.52　　110011274

出版　風和文創事業有限公司
地址　台北市大安區光復南路 692 巷 24 號 1 樓
電話　02-27550888
傳真　02-27007373
Email　sh240@sweethometw.com
網址　www.sweethometw.com.tw

臺灣版 SH 美化家庭出版授權方公司
凌速姊妹（集團）有限公司

IESG
In Express-Sisters Group Limited

公司地址　香港九龍荔枝角長沙灣道 883 號億利工業中心 3 樓 12-15 室
董事總經理　梁中本
Email　cp.leung@iesg.com.hk
網址　www.iesg.com.hk

總經銷　聯合發行股份有限公司
地址　新北市新店區寶橋路 235 巷 6 弄 6 號 2 樓
電話　02-29178022

製版　彩峰造藝印像股份有限公司
印刷　勁詠印刷股份有限公司
裝訂　祥譽裝訂有限公司
定價　新台幣 480 元
出版日期　2024 年 8 月三刷